Decoration

中华人民共和国成立 70 周年建筑装饰行业献礼

上海全筑装饰精品

中国建筑装饰协会　组织编写

上海全筑建筑装饰集团股份有限公司　编著

中国建筑工业出版社

trendzone ▶ DECORATION
全 筑 股 份

上海全筑装饰

中华人民共和国成立 70 周年建筑装饰行业献礼

trendzône DECORATION

editorial board

丛书编委会

本书编委会

总指导	刘晓一
总审稿	王本明
主　编	朱　斌
副主编	陈　文　蒋惠霆　丛中笑

编委成员	朱小杰	计敏云	陈黎明	郜建勋
	郭　强	高　诚	张想勤	巫超荣
	李建平	黄怀红	陈庞彪	郁尚章
	谢海燕	黄华永	王　军	吴　懿
	韩海军	高　辉	章海标	朱　旭
	陈　俊	顾媛雯	张　磊	陈　倩

foreword

序一

中国建筑装饰协会名誉会长
马挺贵

伴随着改革开放的步伐，中国建筑装饰行业这一具有政治、经济、文化意义的传统行业焕发了青春，得到了蓬勃发展。现在建筑装饰行业已成为年产值数万亿元、吸纳劳动力 1600 多万人、并持续实现较高增长速度、在社会经济发展中具有基础性作用的支柱型行业，成为名副其实的"资源永续、业态常青"的行业。

中国建筑装饰行业的发展，不仅有着坚实的社会思想、经济实力及技术发展的基础，更有行业从业者队伍的奋勇拼搏、敢于创新、精益求精的社会责任担当。建筑装饰行业的发展，不仅彰显了我国经济发展的辉煌，也是新中国成立 70 周年，尤其是改革开放 40 多年发展的一笔宝贵的财富，值得认真总结，大力弘扬，更好地激励行业不断迈向新的高度，为建设富强、美丽的中国再立新功。

本系列丛书，是由中国建筑装饰协会和中国建筑工业出版社合作，共同组织编撰的一套展现中华人民共和国成立 70 周年来，中国建筑装饰行业取得辉煌成就的专业科技类书籍。本套丛书系统总结了行业内优秀企业的工程运作经验，这在行业中是第一次，也是行业内一件非常有意义的大事，是行业深入贯彻落实习近平社会主义新时期理论和创新发展战略，提高服务意识和能力的具体行动。

本套丛书集中展现了中华人民共和国成立 70 周年，尤其是改革开放 40 多年来，中国建筑装饰行业领军大企业的发展历程，具体展现了优秀企业在管理理念升华、技术创新发展与完善方面取得的具体成果。本套丛书的出版是对优秀企业和企业家的褒奖，也是对行业技术创新与发展的有力推动，对建设中国特色社会主义现代化强国有着重要的现实意义。

感谢中国建筑装饰协会秘书处和中国建筑工业出版社以及参编企业相关同志的辛勤劳动，并祝中国建筑装饰行业健康、可持续发展。

为了庆祝新中国成立 70 周年，中国建筑装饰协会和中国建筑工业出版社合作，于 2017 年 4 月决定出版一套以行业内优秀企业为主体、展现新中国成立 70 周年，尤其是改革开放 40 多年来建筑装饰成果的系列丛书，并作为协会的一项重要工作任务，派出了专人负责进行筹划、组织，推动此项工作顺利进行。在出版社强力支持下，经过参编企业和协会秘书处一年多的共同努力，现在已经开始陆续出版发行了。

建筑装饰行业是一个与国民经济各部门紧密联系、与人民福祉密切相关、高度展现国家发展成就的基础行业，在国民经济与社会发展中具有极为重要的作用。新中国成立 70 周年，尤其是改革开放 40 多年来，我国建筑装饰行业在全体从业者的共同努力下，紧跟国家发展步伐，全面顺应国家发展战略，取得了辉煌成就。本套丛书就是一套反映建筑装饰企业发展在管理、科技方面取得具体成果的一套书籍，不仅是对以往成果的总结，更有推动行业今后发展的战略意义。

党的十八大之后，我国经济发展进入新常态。在协调、创新、绿色、共享的新发展理念指导下，我国经济已经进入供给侧结构性改革的新发展阶段。中国特色社会主义建设进入新时代后，为建筑装饰行业发展提供了新的机遇和空间，企业也面临着新的挑战，必须进行新探索。其中动能转换、模式创新、互联网＋、国际产能合作等建筑装饰企业发展的新思路、新举措，将成为推动企业发展的新动力。

党的十九大提出"人民日益增长的美好生活需要和不平衡不充分的发展之间的矛盾是当前我国社会主要矛盾"，这对建筑装饰行业与企业发展提出新的要求。人民对环境质量要求的不断提升，互联网、物联网等网络信息技术的普及应用，建筑技术、建筑形态、建筑材料的发展，推动工程项目管理转型升级、提质增效、培育和弘扬工匠精神等，都是当前建筑装饰企业极为关心的重大课题。

本丛书以业内优秀企业建设的具体工程项目为载体，直接或间接地展现出的对行业、企业、项目管理、技术创新发展等方面的思考心得、行动方案和经验收获，对在决胜全面建成小康社会，实现两个一百年的奋斗目标中实现建筑装饰行业的健康、可持续发展，具有重要的学习与借鉴作用。

愿行业广大从业者能从本套丛书中汲取到营养和能量，使本套丛书成为推动建筑装饰行业发展的助推器和润滑剂。

走近全筑

◆**家，美好生活，构建者**

"房子是用来住的"，这句话在中国近二十年的时光里，对于中国普通老百姓来说，不同时代有不同的含义。从住房稀缺时代，梦想着有一私密"立锥"之地，到讲究采光、通风、厨卫分离以及客卧动线布置的改善型居住，再到追求个性化、舒适化、功能化的现代生活场景，这一切都伴随着住房商品化的大潮，在现代中国人的记忆之中打下了深深的烙印。

房子是用来住的 > > >

过去的二十年，也是中国经济与房地产市场腾飞的二十年。这个时代造就了一大批诸如万科、恒大等世界 500 强中国房地产开发企业，同时也造就了像全筑股份这样从无到有、从小到大的 A 股上市装饰产业链公司。

海派精装 > > >

说起"装修"产业，全筑股份的发祥地上海绝对应该被反复提及。这不仅因为上海是中国的经济中心，也因为其近代深受外来文化影响，形成了讲求品质、追求生活细节的特质并闻名全国。

自然地，以装饰、设计为特色，明显摆脱原有泥瓦匠、水电木工的落后劳务模式的现代装饰装修产业，也是在这里最早蓬勃发展起来的。

全筑装饰早期以海派豪宅设计精装驰名业界，之后又以住宅全装修为主要业务独树一帜。一群科班出身的建筑师，二十年来造就了一家集建筑装饰研发与设计、幕墙装饰、装饰施工、家具生产、软装配套和建筑科技于一体的大型装饰集团。

2015 年 3 月 20 日，上海全筑建筑装饰集团股份有限公司在主板上市，形成了以三大业务板块为核心的战略布局：以传统板块业务为主的全筑装饰集团，以创新业务为目标的全筑新军集团，以设计全产业链业务为核心的全筑设计集团。业务涵盖高端住宅、全装修楼盘、酒店、办公以及商业空间的系统研发与设计，并持续以行业领先者和标准制定者的身份领跑行业。

"传统"与"创新" > > >

长久以来，全筑秉承 "传统"与"创新"的双轮驱动模式，在传统产业链业务规模高速增长的同时，重点突破面向消费升级的创新业务。

这项特质大大区别于传统装饰企业，某种意义上更类似于通信产品等先进制造业。如同手机行业，大哥大突破性地解决了人们的即时通信难题，使得寻呼机退出市场。数字手机的出现，使得产品得以标准化生产，快速迭代，价格也不再昂贵。而以苹果为代表的智能手机的出现，则摆脱了单一的通信功能。智能手机不再只是通信工具，而是一种可以全能化的个人数据终端。

细数全筑历年来的创新积淀，也是在契合整个制造业发展之路前行。

要持续保持行业的领先优势，并且在未来的市场中拔得头筹，战略前瞻性必不可少。全筑很早就预见到住宅全装修将成为趋势，及时开始了装配式内装的工业化探索。目标就是以工业化方式实现装修标准化与快速交付的装配式装修。

＜＜＜装配式内装工业化

为此，全筑全面整合行业优势资源，打造贯穿设计、施工、运维等的全信息化供应链体系，从产品一体化设计、部品部件标准化、工业化生产，到现场干法作业的装配式工艺，避免传统装修工艺工法中品质、施工周期不可控，售后维保较复杂等顽症，其快速安装、可控的成本体系、轻量化维保，为项目的高效开发建设及运维提供了强有力的保障。

先后参编上海市《住宅室内装配式装修工程技术标准》、上海市《全装修住宅室内装修设计标准》、国家建筑行业《装配式内装修技术标准》等一系列地方、行业标准规范，与中国建筑标准设计研究院等保持长久的良性互动，全面了解行业动态，为行业健康发展添砖加瓦。

建筑装饰属于劳动密集型行业，需要大量的施工工人进行现场手工作业。目前，由于施工人群基础逐渐薄弱，受技术工人断层、短缺及劳动力成本提升等因素影响，行业发展受到制约。

＜＜＜智能施工机器人的迭代研发

全筑为解决目前国内行业现状，联合上海大学智能制造＆机器人重点实验室，顺应行业发展趋势，联合开发施工放线机器人，将机械化和智能化设备广泛用于施工环节，通过机械作业代替人工放线，将人工操作者变成机械操作者，既解决技术工短缺问题，又真正缩短施工放线时间、实现标准化作业，直接解决放线效率低、费时费力的问题。全筑研发的装饰施工机器人也是国内首个装饰画线机器人，实现了装饰行业从零到一的突破。

2016 年 5 月 20 日住房城乡建设部发布《关于进一步推进工程总承包发展的若干意见》（建市 2016-93），进一步推进工程总承包模式在建设行业的应用，目前，EPC 模式已渗透至装饰行业中。在 EPC 模式的主导下，装饰工程已结合设计、采购、硬装及软装、家具布置等流程，实行装饰工程总承包。全筑股份积极响应国家号召，探索整合自身在设计、采购、制造、施工安装及项目管理方面的能力优势与 EPC 工程总承包的模式优势，努力探索一条装饰装修行业项目管理创新之路。

＜＜＜探索 EPC 工程总承包模式

全筑股份凭借全产业链板块核心能力优势，结合项目管理能力，全面契合 EPC 总承包模式要求，实现项目设计、采购、制造、施工安装、试运、交付全过程、全方位管理，确保项目进度和工程质量，实现客户投资节约化。全筑股份在 2017 年成立了设计集团，是以工程设计 EPC 咨询为核心，贯穿城市规划和城市设计、建筑设计、室内外环境设计、信息化建筑咨询的集成服务供应商，以共同的价值理念定位于产业的更高层面，通过开放的国际化视野和充满活力的思维创新，构建完整的设计链优势和先进的设计技术支持。

此外，全筑正在推行"三定一智"产品战略，也是遵循在传统中创新、在创新中迭代的战略思维。

定制精装 > > >

全筑股份于 2015 年上市后，专门成立全筑新军集团，推出"全筑定制精装"，重点发展以楼盘为入口、直接面向 C 端的消费级业务。该业务打通了产品研发、设计、供应链、施工、售后服务等垂直产业链条，根据汽车行业"整车＋选配"的消费理念，为业主提供定制级装修装饰解决方案，涵盖从高品质基础硬装到全屋收纳系统、健康舒适系统、智慧家庭系统、单品升级、软装家居等多层次精装修定制与升级服务。线下通过开发商的场景样板房及售楼部渠道完成购买体验，线上通过全筑定制精装电商平台，自由选购，一键下单，真正实现"所见即所得"的精装消费，让购房者在装修及软装这件事上省时、省心、省力、省钱。

定制橱柜 > > >

面对"全屋定制""智能化"等行业趋势的全面覆盖，全筑股份以消费者为中心，转型升级为消费圈层，进一步深化满足"千人千面"的消费需求。全筑股份将德国赫斯帝橱柜引入中国，并与澳洲知名品牌 GOSA 在中国成立合资公司，同时引进符合德国工业 4.0 标准的智能化生产线与质量管理体系，全面提升工厂的智造及管理水平。凭借全球化的研发管理团队和创新家居新体验，全筑力求开创环保家居新时代，为全球高端定制消费群体提供品质最为精益的产品和服务。

定制软装 > > >

消费升级已经是大势所趋，也是大势所需。人们已经不满足于住的够用、住的好用，还要住出审美、住出修养、住出文化，这就对软装提出了定制化需求。

全筑易家居研究生活方式的变化，深化生活场景的配套，将目标市场瞄准青年公寓，打造全国供应链，整合出六条产品线，一致追求突出性价比，并进一步将目标市场细分为长租公寓、品牌公寓、私人公寓市场，其中长租公寓在 2018 年取得了突破进展，上海地产长租公寓环保大厦、浦江镇公寓项目一千余套软装配套中标，并已顺利实施交付。

智能家居 > > >

结合中国建筑工程技术的特点、国家未来重点规划发展及智能化普及趋势，国内住宅市场迎来了智能化狂潮，全筑股份于 2018 年正式成立全筑建筑科技公司，核心以建筑机电智能一体化为入口，业务覆盖机电智能化系统研发、设计、供应链、施工、售后，致力于提供差异化、高附加值的服务，深度吻合地产商、开发商、投资商等多元化的需求，专业为全装修住宅、租赁住宅、酒店、商业办公等提供一体化系统解决方案，涵盖智慧社区系统规划、智慧机电系统规划、智慧家庭系统规划，真正实现"健康、舒适、安全、节能、智能"的生活，并为用户提供全生命周期维护保养及设备系统更新服务。

未来，全筑股份还将构建全生态智能家居服务平台。基于家装 BIM 系统，全筑股份正在竭力打造全家居服务平台——全筑 e 家。该项目通过整合供应链资源，以智能设备为核心，依托互联网及大数据技术，为业主提供全生态链家居的产品及服务。

面向 C 端用户也制定了相应的运营方案，依托互联网平台打造提供装修后智能定制的服务方。以住宅装饰为入口，以智能家居设备为硬件，以消费者大数据为服务核心，通过客户需求展开社区服务等各种创新业务模式，提供订单跟踪、保养服务、维修服务，并通过管家咨询、生活咨询提供便捷的咨询体验，最终构建出全生态智能家居服务平台，为消费者带来更高品质的产品与服务。

全筑 e 家将前端设计、施工图、精准算量一体化，引入人工智能、VR 虚拟现实、AR 现实增强与大数据分析，精准作出客户画像，在初始设计中通过 BIM 数字化、信息化、协同化等特点，精准数据收集过程，令顾客拥有全面完善的服务体验。

未来，全筑 e 家家居服务平台将重新搭建传统的人、货、场关系，面向硬装、软装、辅材、人工，不同项目匹配不同的算量规则，精准算量，有效降低企业成本、提升效率，本质上是实现家装企业的信息化管控，从而彻底实现家装企业的互联网化，实现产品化内装的整体蜕变。

contents

目录

上海全筑 装饰精品

上海静安瑞吉酒店装修工程

项目地点

上海市北京西路市中心地位，南面紧邻南京西路，北面有玉佛寺，东面是外滩，西面即静安寺

工程规模

总建筑面积 11.2 万 m^2，地上面积 7.8 万 m^2、地下面积 1.7 万 m^2，装修面积 3.8 万 m^2，造价约 8200 万元

建设单位

上海宝矿控股集团

设计单位

上海江欢成建筑设计有限公司
上海全筑建筑设计集团有限公司

室内施工单位

上海全筑建筑装饰集团股份有限公司

开竣工时间

2016 年 5 月 ~2017 年 5 月

获奖情况

2018 年 8 月获上海市"白玉兰"奖

社会评价及使用效果

上海静安瑞吉酒店开张第一天就在繁华的上海酒店业市场迅速"爆红"，吸引了来自世界各地的目光。雄伟宏大的瑞吉酒店大厦，如梦似幻，在环境优美的核心区域，在一块犹如大鹏展翅的宝地之上，如约绽放，不负期待。

有很多客人评论道："瑞吉酒店的高贵、奢华、优雅，充满艺术感和层次序列感的视野，超大型的灯饰和极具现代感的艺术品展现了光感美学，内部的结构设计和装饰效果美得令人赞叹。"

上海静安瑞吉酒店

设计特点

上海静安瑞吉酒店建筑面积 3.8 万 m²，地上 62 层，地下 4 层，具有国际一流的客房 442 间，行政客房 16 套，总统套房 2 套。一楼设有大堂、瑞吉酒吧、冬季花园、全日餐厅、高级礼品店、VIP 商务中心，二楼设有中式餐饮豪华包房、日本料理、特色餐厅、香槟酒吧，三楼设有超大宴会厅、6 间董事会议室等，地下一层设有标准泳池、健身中心、理疗室和美容美发中心、SPA 中心等，另设有四个高级会议室。

上海静安瑞吉酒店是国际知名顶级品牌酒店，也是瑞吉品牌在中国的第一家瑞吉酒店。瑞吉酒店素以奢华和人性化的服务创造酒店业的典范，以精致的装饰创造承载多种活动类型的酒店空间而知名。

酒店的入口大堂竖立着六扇巨大的装饰屏风，以屏风装饰分隔出的中庭如宫殿般雄伟宏大，巨大的六级水晶吊灯照耀整个中庭，尤显富丽堂皇，具有序列感。

大堂的后半部是瑞吉酒店的冬季花园，设计师用无形的设计语言，道出一个个故事的重量。1880 颗圆形水晶球组成的大型仿地球造型水晶灯悬挂于顶，温柔的灯光带着祝福"从天而降"，经过特殊设计的球形表面折射，产生与聚光不同的光感和映照图案。每一位客人享受的不仅仅是一份光亮，更是一份问候、一份温馨和一份浪漫。

酒店大堂

过厅走道

全日餐厅

功能空间

一楼大厅

主要材料构成：石材、不锈钢、木饰面、艺术玻璃、墙纸。

设计：入口大堂的过厅走道，吊顶上悬挂着2440个蝴蝶造型的玻璃吊灯，依照中国龙的形状排列，宛如一条银龙在空中游动。大堂的左侧是酒店的全日餐厅，两侧墙面悬挂着中国特色的瓷盘，多个间隔用精制的酒柜来进行分隔。右侧是最富瑞吉酒店特色的瑞吉酒吧，整个酒吧挑空6.6m，地面采用黑白相间的石材，对应木饰面框和深绿色墙纸，彰显酒店非凡气派。酒吧旁边有一个50人的卡拉OK包房，前厅还特地打造了一个高级商务中心供客人会晤使用。酒店前厅两侧配了两幅最富艺术感的现代欧美灯光画。经过大堂来到北侧的冬季花园，明亮无遮挡的花园映入眼帘，两侧两个高大的装饰柜就像瑞吉酒店大厦的主体。装饰柜的顶部矗立着5根细钢管，每根钢管上镶嵌三个圆球，从小到大象征着多民族风格。冬季花园的采光顶使阳光直射每一个角落，给人温馨如家的感觉。

香槟吧

大堂中庭

大堂的中庭作为接待区和客人休息区，位于整个酒店一楼的中心位置。作为空间区域的隔断，高大造型的独特不锈钢屏风以不锈钢加透光玉石的组合，演示着古典和现代的交融。每一位客人对屏风的设计均赞叹不已。

酒店大堂是酒店的灵魂，也是酒店出彩的舞台。大堂采用进口鱼肚白地面加细纹黑白根石材套边，用套边石材对每个不同区域进行分隔，套边的石材与顶面吊顶造型对应，形成天地融合；全日餐厅区域采用保加利亚灰石材加水影砂石材镶边，并采用菱形铺贴法施工。大堂的中庭、前厅和冬季花园用了六块大屏风进行分隔，屏风透光的玉石能隐隐约约地折射不同区域的灯光。沿着旋转楼梯可到达二楼香槟吧。香槟吧是瑞吉酒店的一大特色休闲活动区域，客人不仅可以在这里体验香槟酒的乐趣，也可以享受娴静的阅读氛围，塑造繁华中心的宁静。

特点、技术分析和创新点

上海静安瑞吉酒店大堂的层高极高，吊顶造型复杂，中庭无立柱，施工过程无依靠点。顶层复式的总统套房属于钢结构加层，施工难度较大，整个楼层的露台依照主体结构向外悬挑。另外，酒店的大堂地面采用全地暖设计，面层是大理石，有地暖的部位，石材接缝处容易沉降和开裂。这些都是施工中要特别关注的。

解决的方法和措施

对于酒店超高的大堂吊顶，采用钢架式满堂脚手架。靠墙施工面留出操作空间，钢管立杆离墙 400mm，横杆顶端离墙 300mm。顶面操作层满铺双层木模板，每块木板用铁丝连接固定钢管。在满堂脚手架的南北两侧设立运输材料的通道，满堂脚手架的每个层架四周设立施工操作区，操作区内侧面用密膜网全封闭，操作区工作面用一层钢笆和一层木模板铺设。超高空间大堂采用满堂钢管式脚手架的好处是确保安全性，施工方便、快捷，可同时进行吊顶及墙面的施工，同时为大型吊挂设备的安装提供了操作平台。另外可根据需要逐层拆除，为安装大型吊灯和艺术造型创造施工基础。

日本料理

技术创新点

酒店大堂地面采用进口鱼肚白大理石。整个酒店的一层区域都铺设采暖水管，容易引起面层石材局部和拼缝处沉降与开裂。项目部经过认真研究和探讨，经场外试验，决定在地暖水管下面铺设的挤塑板上进行技术处理。首先，将挤塑板满铺地面，所有的挤塑板拼缝用胶带纸粘连，以防止板与板脱开；其次，根据地面石材的排版图情况，在挤塑板上弹出石材分隔线；最后，根据石材的版面尺寸在挤塑板上开小圆孔，圆孔的大小为 ϕ 100mm，间距控制在 800mm×800mm，纵横向在满铺的挤塑板上全部开出。同时，经常有人员走动的部位和每个门洞位可以根据情况增开几个圆孔，再次把每个开在挤塑板上的圆孔用水泥砂浆填平，高度与挤塑板一致，所有的小圆孔用砂浆填完以后清理干净，铺上反射膜。在挤塑板上开小圆孔填满砂浆的原理是把小圆孔中的砂浆作为一个个的水泥支撑点，当挤塑板上的砂浆层和石材及人员的走动荷载确定时，就不会引起挤塑板的变形沉降，同样面层石材就不会出现沉降，拼缝处也不会出现开裂爆边。铺贴石材时，在每一块石材的背面磨一个 2mm 的小斜边，这样可以让石材下面的热量有泄爆口——如果石材下面的热量长期积蓄，石材热胀冷缩也会引起爆边。

一楼区域施工工艺

测 量 放 线　进场后，首先对照图纸，在各个部位的分隔区块弹出施工轴线，由项目技术员与总包或者建设单位移交的标高点进行复核，各区块复核无误后弹出水平线，将测量复核结果形成书面报告反馈给总包及监理单位；其次，根据图纸的装饰分隔弹出造型分隔线，并弹出完成面线，待脚手架搭设完成后，再把吊顶造型线及钢架位置线反弹到结构顶面并做好标识；最后，弹出不同颜色的脚手架的位置线，并把安全通道和材料运输位置标出以便于搭设。

脚 手 架 搭 设　满堂脚手架从中间位置向四周扩散搭建。在满堂脚手架的中心位置也就是中庭的上部有吊灯的区域留出 2.5m×2.5m 的空间，用盘扣式脚手架搭在中间，这样在安装大型吊灯时，只需要逐层拆掉盘扣式脚手架而不是拆满堂脚手架。

根据大堂施工的特点，满堂脚手架四周留有施工间隙，同时在中间位置留有宽度 1.8m 的安全行走通道，利用中间盘扣式脚手架自带楼梯上下，既安全又方便。在满堂脚手架的北侧搭设一个卸料区域，供高区装饰材料堆放。满堂脚手架的搭设采用全钢管加扣件标准搭设，底部扫地杆抬高 20cm，四个立面加双剪刀撑。整个满堂脚手架四周与原结构墙面进行硬固定拉结，保证整个脚手架的稳定性。满堂脚手架搭设完成后在施工面走道上满铺双层木模板，最上面一层满铺钢笆加两层木模板，四周操作面通道内侧用密膜网全部包裹。所有作业面的通道临边加两根大横杆保护。

基层钢架制作　干挂石材钢架采用 50mm×50mm 方钢管和 50mm×50mm 角铁制作，墙面和立柱面采用铁板和膨胀螺钉固定。竖向龙骨采用方钢管，横向龙骨采用角铁，角铁上打眼用于扣件的固定，所有搭接处均采用满焊形式连接。

钢架转换层制作　由于酒店大堂吊顶高度超过1.8m，内空间较大，再加上吊顶内各式各样的管线和风管等，制作钢架转换层有利于吊顶龙骨造型的施工。钢架转换层上增设检修设备的马道，强化了吊顶的稳定性和安全性。钢架转换层避开大型排烟风管和空调风管等的位置，其中心位置进行多道支撑加固。

吊顶安装　将进场时预先在地面弹出的轴线和吊顶分隔线引申到原结构顶面进行吊筋点位弹线，所有吊筋遇到空调风管和排烟管及水管时应避让，对吊筋间距超过1200mm的，增加钢架转换过渡。

转换层焊接：整个大堂转换层钢架系统采用50mm×50mm方钢制作，纵横向间距不大于2000mm。底部水平钢架间距不大于1100mm，与结构顶面采用10mm膨胀螺栓进行固定。竖向转换层高度大于1500mm，增设横向支撑，在下降吊顶造型位置增加多道斜支撑，保证钢架转换层的稳定性，在中庭吊顶四周有降低位置增设的检修马道，并在竖向转换层间距过大时需增加竖向方钢加密。

吊杆安装：根据施工图纸要求和施工现场情况确定吊杆的位置和长度。吊杆采用ϕ8吊筋。吊筋安装在钢架转换层横向方管上，采用上下双螺帽固定。局部位置采用焊接，吊点间距控制在900mm以内，下端与吊件连接，以便于调节吊顶标高和起拱。要求安装完毕的吊杆端头外露长度不小于10mm。当吊杆与设备相遇时，应调整吊点构造或增设角钢过桥，以保证吊顶质量。

主龙骨：采用C60主龙骨。吊顶主龙骨间距为1000mm以内。安装主龙骨时，将主龙骨吊挂件连接在主龙骨上，拧紧螺钉。要求主龙骨端部在300mm以内，超过300mm的需增设吊点。主龙骨接头和吊杆方向要错开，并根据现场吊顶造型尺寸，严格控制每根主龙骨的标高，随时拉线对主龙骨的平整度进行检查。中间部分的主龙骨应起拱并做好标记，金属龙骨起拱高度不小于顶面外向跨度的1/200。主龙骨安装后及时校正其位置和标高，确保主龙骨呈一条直线及吊筋不弯曲。

控制性要求：吊杆距主龙骨端部距离不得大于300mm，大于300mm时应增加吊杆；当吊杆长度大于1.5m时，应增设反支撑；当吊杆与设备相遇时，应调整避开并增加吊杆。

副龙骨：副龙骨采用相应的吊挂件固定在主龙骨上。50型副龙骨采用吊挂件挂在主龙骨上，龙骨间距300mm，同时在设备四周加设次龙骨。

安装横支撑龙骨：在两块石膏板接缝位置安装50横撑龙骨，间距不大于1200mm，横撑龙骨垂直于次龙骨方向，采用水平连接件与次龙骨固定。全面校正主次龙骨的位置及水平度；连接件错开安装，通长次龙骨连接处的对接错位偏差不应超过2mm。校正后将龙骨的所有吊挂件和连接件拧紧。

基层板安装　基层板采用12～18mm阻燃多层板，采用燕尾螺钉与钢架连接。在部分有潮气部位

大堂走道

The Drawing Room 阿逸廊

采用 15mm 厚水泥硅酸钙板；大堂和自助餐厅吊顶采用一层 15mm 阻燃板和一层石膏板，造型挂板采用 18mm 多层阻燃板；吧台、料理台、明档操作台的钢架四面封 15mm 阻燃板。所有木饰面的基层采用 12mm 阻燃板，有墙纸的部位采用基层板加石膏板。

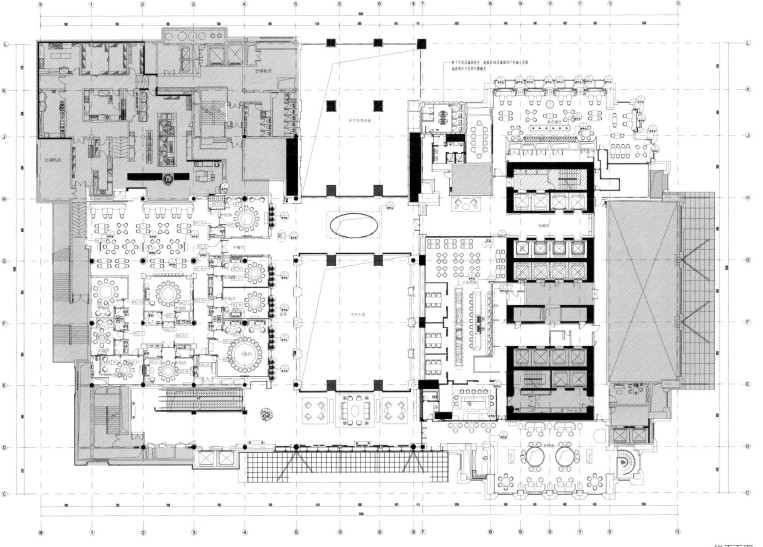

一楼平面图

造型制作　圆形灯槽和侧面灯槽采用 12mm 和 15mm 厚阻燃板制作。圆弧先用 KT 板放线画成吊顶形状，裁切好后在阻燃板上进行定型切割。将拼接好的圆形挂板整体挂在吊筋上，调整好标高和水平度后固定，副龙骨切口用螺钉固定在圆形挂板上。侧面灯槽制作时应先将灯槽做好，与吊筋固定；长形灯槽要先临时固定，防止移位和变形，待吊顶封板完成后拆除固定条。

窗帘箱采用 18mm 厚阻燃板制作。先在地面将窗帘箱造型制作完成，然后与吊筋固定；窗帘箱安装制作后调整好水平度和直线度，在窗帘箱的上部间隔 1200mm 进行斜撑加固，以防止变型扭曲。

吊顶伸缩缝
设　　　置　根据规范要求，长度超过 15m 的吊顶必须设置伸缩缝。依伸缩缝设置原理，吊顶距离超过 12m 的通道和单边超过 10m 的造型进行伸缩缝的设置。设置伸缩缝首先要将基层龙骨断开，在基层板伸缩缝位置切缝；面层石膏板用 10mm×10mm 凹槽，灯槽处也要在凹槽部位进行设置。基层板和石膏板断开错搭，钢架转换层根据伸缩缝位置要求进行断开，并在两侧加固，增设斜柱支撑间距不大于 1500mm，槽内涂刷相同颜色饰面涂料。

瑞吉酒吧

瑞吉酒吧

主要材料构成： 石材、不锈钢、木饰面、艺术玻璃、墙纸、金箔。

设计： 瑞吉酒吧位于静安瑞吉酒店进门的东侧，坐落于酒店大堂的中心观光位置，透过沿街的落地窗可见窗外川流不息的车辆和来来往往的人流。从繁华而宁静的街区眺望瑞吉酒吧，厚重而古朴，彰显着闹市中心的低调轻奢范。

瑞吉酒吧的内部设计应用鲜明的视感对比，尽显艺术美感。硬朗的实木酒吧台与温和的布艺软包坐椅相碰撞，产生了不一样的火花，给客人提供了一个舒适的休闲场所。顶面造型的金箔装饰提升了空间的装饰，富有设计感的吧台透露着不凡的品位。那一组组金色的酒柜巧妙地搭配在吧台上部，层架上的红酒在灯光的照射下显得温暖微醺，大理石地面光滑如镜面，大理石吧台增添了整体的奢华大气，扩大了整个区域的空间感，打破了传统酒吧的印象。这里让每个客人都能宾至如归，这里让休闲不再苍白。整个酒店的功能也因此而更为丰富。

技术特点、难点分析

空间层高较大，造型比较复杂，其中酒吧通往二层香槟吧的旋转楼梯是一个难点。独立的空间采用钢结

酒吧吊灯

构旋转设计，造型独特。旋转楼梯的三个侧面设计成木饰面装饰架，难度在于先做木饰面装饰架还是先做钢结构楼梯。先做木饰面装饰架，可能在做钢结构楼梯时周边空间小，导致钢架无法施工。经过与深化设计师讨论，确定先做钢结构楼梯，同时对木饰面装饰架进行放线和材料下单。

钢结构楼梯在现场精确放线，确定尺寸后在加工厂分段加工，然后现场安装。钢结构楼梯弧形用5mm 板进行现场放样，侧板弧形全部采用热切割弧型机弯折而成。一楼至二楼钢结构弧形呈 720° 圆形。

施工工艺

面 层 安 装　　　在安装各种饰面前，需对基层板的平整度进行复测，保证平整度误差不大于2mm，上下垂直度不大于 2mm，防止大小头情况出现。

干挂石材安装　　第一批干挂石材的垂直度和平整度控制在 2mm 以内，依次排列施工面。拉通线控制平整度和直线度，并根据每块石材的编号安装。干挂扣件与钢架用 12mm 六角螺钉固定，扣件与石材开槽采用双组份 AB 胶和云石胶粘贴固定。板间预留 1mm 缝隙，防止密拼石材爆边，放置两天后用与石材颜色相同的云石胶填缝。

玻璃制品安装　清理基层表面的灰尘，检查基层表面有无硬物；粘结胶的注点要求饱满，间隔不能太大；玻璃下口要垫柔性隔离垫片，两边缝隙要一致。玻璃上墙后用手轻拍压实。

木饰面安装　采用挂条加结构胶粘贴安装，并在每块木饰面的背面、侧边用木条固定，待木饰面上墙后，对侧边的木条用螺钉和木基层固定。

瑞吉宴会厅

主要材料构成：金箔、不锈钢、木饰面、墙纸、软包、石材、特种玻璃。

设计：瑞吉宴会厅位于酒店的三楼。宴会厅有 2000m²，中间设计有移门隔断可以进行自由分隔，吊顶面层采用多级吊顶造型，造型分隔为 8 个方型空间，每个空间上安装有大型水晶吊灯，顶面全部镶贴金箔。移门采用木饰面镶嵌不锈钢和包裹不锈钢；宴会厅的主席台侧设计了一面 240m² 的 LED 显示屏，墙面配以木饰面造型中镶嵌墙纸。

宴会厅的设计风格体现了代代生活积累所形成的文化。设计师在西方思维中融入东方哲学，产生了时尚、生活相交融的艺术美学。与现代味的酒店空间相比，瑞吉酒店宴会厅或许是更直观"改变"的实践者，而这种改变源于不忘传统。宴会厅"满天繁星"环绕交织，立体模型的组合充满着西方式的自由空间，宏大的宴会厅空间以当代的科技逻辑提升了自然力，灯光效果与可循环空气主导了空间韵律。奢华并非堆砌，而是精神层面的富足。

技术特点、难点分析

宴会厅的特点是空间较大。层高 6.8m，中间采用 24 块移门分隔，每块移门高 6.3m，宽 1.2m。如何防止移门变形是宴会厅施工的难点。

防止门扇变形也是一个难点。门扇内腔采用 60mm×60mm×4mm 方管制作钢骨架，六面包裹 9mm 多层板，采用燕尾螺钉固定，外贴木饰面和不锈钢装饰条。

宴会前厅

中餐厅

中餐厅

宴会厅施工工艺

多维度放线测量。先放出宴会厅的分隔轴线，然后放出中心线，依中心线向两侧弹出完成面线，再把移门分隔位置安装钢架的线弹出。根据现场尺寸，现场制作移门钢架，轨道钢架与结构顶采用 ϕ 12 膨胀螺钉固定，间隔为 300mm。

按照已弹出的分隔线和完成面线，对照图纸焊接移门轨道钢架，水平度控制在 2mm 以内。移门轨道不能做得太宽，否则会影响移门的稳定性。钢架的安装垂直度控制在 2mm 以内。外侧用多层板和石膏板封闭，距安装完的轨道留 10~12mm 空隙，移门安装时使用红外线水平仪调整平整度和垂直度，待满足了平整和垂直的需求后进行双面固定。

宴会厅吊顶的施工通过三维扫描仪及计算机的建模技术，大大缩短了施工时间。在装修施工前测量小组先进场放样，将空调风管、水管、消防排烟管及消防总管位置和喷淋管等全部放出定型位，便于专业厂家提早进场施工。待各路管线安装完成，装修开始进场。在吊顶装修前对所有的管线标高进行扫测，检查是否满足装修完成面标高要求，同时在造型挂板时开出空调出风口，便于空调下接到末端。龙骨遇到

冬季花园

机电设备进行避让，必要时进行钢架加固，封板采用一层木工板和一层石膏板。

宴会厅超大 LED 屏钢架制作时严格按照专业单位提供的图纸，误差在 2mm 以内，每一格 LED 屏发光板空档的大小控制在 1mm 以内，LED 屏拼接时中间不得有缝隙。

冬季花园

主要材料构成：玻璃、铝合金框、石材、木饰面、不锈钢。

设计：冬季花园是藏身于酒店中的一个私密但又深植于地面的空间。冬季花园位于酒店大堂的北侧，采用玻璃无框架穹顶设计，有高耸入云的感觉，当明媚的阳光洒满整个冬季花园时，每一位宾客都可在此找到属于内心的平静。一旁的绿色植物和小景中的潺潺水声强化了感官体验，休息区的私人座位让人的身心在这里得到释放。设计师在空间规划上注重细节，家具的陈设和材料选择尤为精心，在把核准区域的自然环境带进酒店内部，提升酒店整体感的同时，让入住酒店的每一位客人都可有　种身心逐渐被唤醒的体验，每时每刻都有新的惊喜。

冬季花园

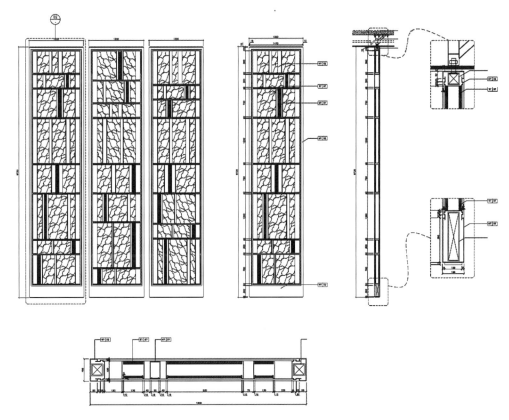

屏风节点图

冬季花园设计有雪花白石材造型壁炉、不锈钢屏风、木饰面装饰柜隔断、水吧台。雪花白石材背景造型壁炉上悬挂着手工玻璃艺术花造型，彰显了艺术情趣；不锈钢屏风将冬季花园与酒店通道及中庭相分隔，呈现出一种流线艺术感，以别具匠心的构思，赏心悦目的造型，巧妙的建筑构造，增加了酒店大堂空间的灵动性。

冬季花园的玻璃穹顶更是酒店的一大亮点。外立面采用超大块玻璃幕墙，视觉通透，采光极佳，与室内的欧式复古装饰风格极为相似。为了突出这一特点，在建筑中心顶部设置欧式圆形玻璃穹顶，采用双胶中空双曲面玻璃设计，经过一系列复杂加工和制作，安装后达到了预期的效果，与建筑内外的装饰风格形成完美的统一。

技术特点、难点分析

酒店大堂 6 扇 8.7m 高的不锈钢屏风是整个酒店大堂最出彩的装饰部件。屏风共分七个断面，每个断面的正反面嵌宽窄不一的透光玉石，中间有 LED 灯带。不锈钢钢骨架在加工厂里制作并预拼，然后运送到现场进行吊装、焊接拼装。在此过程中，既要考虑屏风的完成精度和吊顶要求一致，又要确保屏风的稳定性和安全性。为解决以上问题，项目部门首先在吊顶内腔进行钢架固定，并在吊顶内对三扇不锈钢屏风用方管进行连接，在连接方管上再加设双向斜撑，增加屏风的稳定性；然后包裹不锈钢，所有不锈钢的焊接都在内侧阴角处进行；最后安装透光玉石，在选择透光玉石时，甲方投资人要求极为苛刻：一

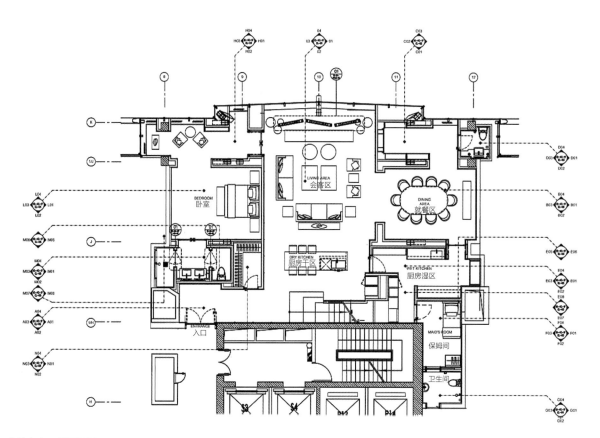

总统套房一楼平面图

是要考虑透光玉石板的表面纹理，二是要保证透光效果，三是要求每一个断面不能有太大的色差。材料
人员跑遍了江浙地区的石材厂家，最后在原产地从 2000 ㎡的透光玉石中挑选出 300 ㎡才保障了屏风的
最终制作效果。

冬季花园石材造型背景是酒店的一个重要装饰点。石材背景墙上安装超现代玻璃工艺美术品，对石材背

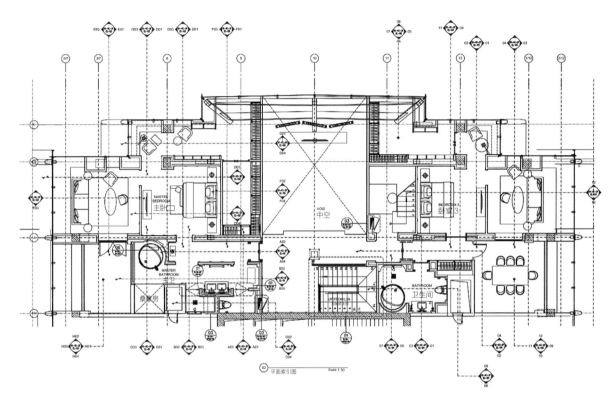

总统套房二楼平面图

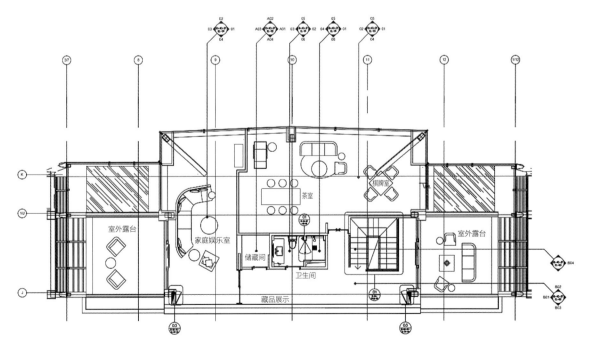

总统套房三楼平面图

景墙的平整度和垂直度的要求特别高。安装石材时上下拉通线和对角线，用红外线控制水平度和直线度，对每条起始线进行复核后开始安装，每条拼缝预留 1mm，用同色胶进行填补，完工后对整个石材墙面进行抛光处理。在灯光照射下，石材墙面像一面玻璃镜子一样，白色的石材中细细的花纹，在灯光的照射下宛如水中的小鱼在游动，为整个冬季花园增添了一份情趣。

施工工艺

测 量 放 线　根据深化图纸尺寸，弹出中心轴线，确定造型位置，依次弹出所有造型线和分隔线，石材壁炉干挂背景墙的钢架立柱采用 50mm×100mm 方管，横管采用 50mm×50mm 方管。角钢用 50mm×50mm 方管焊接，角钢上每隔 200mm 钻孔用于固定石材。石材安装时根据加工排版编号依次进行，每块石材上墙后对平整度和垂直度进行调整和复测，从细小处着手，确保整个壁炉干挂石材造型达到满意的效果。

不锈钢屏风
制 作 和 安 装　不锈钢屏风骨架在外加工工厂加工，现场吊装并进行装饰施工。在安装骨架前，需对顶面楼板的固定点位与地面固定点全部进行复测，确保无误后进行吊装。安装区域的净空 10.5m，不锈钢屏风高 9.3m，完成面也是 9.3m 高，采用电动葫芦来吊装，每吊一个屏风就要换一个吊装位置；吊装完一个造型就要对屏风的角度、垂直度进行调整并上下固定，然后安装灯带和透光云石。在屏风上下固定后在吊顶内对屏风进行拉结固定，采用反支撑钢架，确保屏风不摆动。

总统套房

主要材料构成名称： 不锈钢、GRG 线条、木饰面、艺术玻璃、石材、墙纸、墙布、软包。

设计： 瑞吉酒店的总统套房位于酒店顶层，复式套房面积有 950m²。总统套房是瑞吉酒店最高端的套房，也是豪华酒店的标配。总统套房传承瑞吉品牌的特色和风格，欧式加以现代简约风格，时尚、大气。套房内主次卧室共 5 间，内含卫生间、休闲娱乐厅、会客厅、会议室等，房内安全舒适，功能齐全，目标客户为国家元首、政府要员和顶级富豪、影视明星等。

总统套房采用复式设计，顶层复式带有私家花园，并配有西式厨房供一些自带私厨的客人现场烹调；配有上下会客厅，并严格和总统生活用房隔开。

瑞吉酒店总统套房位于酒店的最高层，能眺望整个上海的美景。房间设计豪华大气，欧式复古的木饰面装饰造型，贵族式的壁纸，以及装饰框中闪亮的壁灯，代表着年轻的轮回，高大独立的背景造型给人以十足的信心。在忙完了一天的工作后，可以品着鸡尾酒远眺上海灯火阑珊的夜景，还可以和家人做一下瑜伽，放松一下身心。

酒店套房

在酒店总统套房的设计和选材上，综合使用了上等大理石和考究的木质材料，极具现代艺术风格，配以金色不锈钢及高档艺术玻璃，体现了气派奢华和时尚风格。室内的五金洁具都是德国高端顶级品牌，提高了档次更带来了美感。最令人赞叹的是无处不见的各种极具异域特色的小摆设和工艺品以及名人字画，将家庭气氛和艺术性融合得如此完美，体现了设计师的别具一格，创造了既传统又西化的室内氛围。

技术特点、难点分析

总统套房位于酒店的顶层，其中复式层的上部是加层结构。瑞吉酒店的结构上部是全玻璃幕墙设计，因此如何做好隔热节能是装修的难点。经过多次与设计师及业主方沟通，反复试验，形成解决方案。一是在玻璃顶内侧贴 2mm 厚的隔热反射遮阳膜，用于阻止太阳光直射。二是在吊顶离原始玻璃幕墙顶 100~150mm 处安装遮阳隔热板。遮阳隔热板采用双面金属薄板，中间嵌 100mm 厚隔热岩棉填充，四周缝隙和板缝用 0.5mm 厚铝箔胶带进行封边处理。吊顶采用双层石膏板施工，在第一层的石膏板朝天一面贴反射薄膜，增加隔热效果。

总统套房的复式钢楼梯和平台也是施工的一个难点。总统套房的钢楼梯不同于一般的钢梯，设计宽度为 2m，且楼梯踏步的高度小于普通楼梯踏步的高度。测量放线是关键。根据深化图纸的所有尺寸，弹出钢楼梯的位置和休息平台高度线，精确设计每一级踏步的完成面高度和钢楼梯踏步的高度，两个高度线必须吻合。根据弹出的完成面线和材料加工线进行材料下单加工，钢结构楼梯的制作加工偏差不得大于

5mm，钢结构与墙体固定采用ø 25 化学螺栓进行固定，楼梯踏步钢板采用满焊，钢梯下部与混凝土承台连接。

总统套房施工工艺

测量放线。在房间的一楼客厅弹出中心线，再弹出走道和房间、厨房、会客室、休闲娱乐室的分隔线并进行标识，然后把室内所有的造型位置线弹出，分别进行施工。依据客厅中心线，先在地面弹出挑空顶面的造型线，然后再反射弹到原始顶面，并确定吊顶内所有管线的走向位置，弹出做好标识，做到小管让大管、轻让重；在所有的空调风机盘管位置开出检修孔，便于以后检修。干挂石材背景造型先制作钢骨架，钢架采用 40mm×40mm 方管，石材挂件位置用 50mm×50mm 角钢与方管焊接，石材用角码扣件连接，采用云石胶加 AB 胶挂贴。石材背景墙面的平整度和垂直度偏差不大于 2mm。石材安装前在现场根据出厂编号进行预排版，然后根据预排版的编号从下往上逐一进行安装。踏步的安装依照钢结构的放线位置先进行承接平台的浇筑施工，标高控制偏差不得大于 5mm，浇筑平台时将预埋连接件进行精确定位后浇筑。钢楼梯安装先安装下半部分，然后再安装上半部分；安装时先安装楼梯侧面的骨架钢板，然后依照踏步板的层高进行焊接固定。楼梯踏步石材从二楼往下铺贴，每层踏步板的高低差不得大于 3mm，踏步平整度不得大于 1mm。

木饰面板采用背挂方式安装。背挂条的接触缝隙不得大于 3mm，全部采用结构胶加 AB 胶方式固定。收口位置用同色油漆进行装饰处理。不锈钢条镶嵌时突出不能超过设计要求的 0.5mm，且固定胶不能外露。

栏板玻璃采用下口软固定方式固定，玻璃呈一条直线，不得有弯曲，上下收口、胶合玻璃拼缝应一致饱满。

SPA 中心

标准游泳池

客房电梯厅

服务式公寓客房

客房走道

上海静安洲际酒店装修工程

项目地点

上海市恒丰路 500 号天目西路不夜城地区，东至海宁路四川北路，西至长寿路曹家渡商圈，北面即上海的铁路门户上海火车站，南至南京路淮海路繁华商业区

工程规模

总建筑面积 65531m²，装修造价约 7350 万元

建设单位

上海宝矿控股集团公司

设计单位

MD 建筑事务所、上海全筑设计集团公司

室内施工单位

上海全筑建筑装饰集团股份有限公司

开竣工日期

2017 年 6 ~ 12 月

获奖情况

2018 年 10 月参评上海市"白玉兰"奖

社会评价及使用效果

上海静安洲际酒店的前身是上海浦西洲际酒店，被誉为洲际品牌酒店在中国国内最具特色的酒店之一。酒店的大堂超高的空间创造出极具震撼力的视觉效果，100m 的艺术龙造型从高至低贯穿整个酒店的大堂上方，使得住店的每一位客人无不赞叹其造型的宏伟。将如此大型的艺术品悬挂于酒店的大堂区域，体现出建设方对艺术品的珍爱和设计方的大胆构思。

上海静安洲际酒店

设计特点

上海静安洲际酒店建筑面积 65531m^2，地上 28 层，地下 3 层，设计客房 433 间，酒店面积 35563m^2，设置有大堂、悟吧、林荫大道休闲走廊、行政酒廊、全日餐厅及豪华宴会厅等，地下一层设有 16 个大小会议室，能同时容纳 900 人开会，六楼设有健身房、瑜伽房、标准游泳池、理疗室等。

酒店前身是上海浦西洲际酒店。原设计采用的中国建筑文化要素较多，如大堂的圆形柱是用酸技术拼接成的回形格造型，走廊上的八块屏风同样是用酸技术、回形格做成的长方形方柜，镶嵌在铸铁架中，显得较为呆板。原大堂的木饰面是三块相接，每块木饰面采用密拼法安装，拼缝处已起拱、变形开裂。大堂的接待台原顶面比较沉闷，看上去没有亲近感。原顶面涂刷的是深色涂料，也缺乏质感。这次对酒店的一楼区域进行了重新规划和布局，调整了局部使用功能。具体表现有：扩大大堂接待客人区域，增加一个接待台；把接待区的顶面改成中性色彩的墙纸，用井字形的不锈钢条进行分隔；接待台的墙面与顶面设计相对应，体现出镜中的两个面，同时增加光源；接待台的吊顶做下挂造型，三面用 12cm 宽的香槟金不锈钢包边收口，体现了金属质感。

改造后大堂主柱全部采用银白龙石材装饰，高贵气派。原大堂的木制屏风全部换成了香槟金不锈钢加亚克力板，侧面增加了隐蔽式灯带，屏风在灯光和灯带的照射下显出金属的高级感和亚克力的现代感。整个大堂休闲区奢华大气，打破了传统酒店大堂的印象，也让每一个前来的客人都可有宾至如归的感受，让等待不再苍白。

大堂休闲区

游泳池

SPA 入口区域

会议中心休闲区

功能空间

客房

洲际酒店的客房设计一改之前昏暗沉闷的感觉，重新设计后的客房增加了行政套房，采用复式钢结构设计。一层是会客区，并配有西式餐厅，二层有卧室和办公设施。整个酒店的客房设计采用现代装饰顶面灯槽造型四周采用石膏线条加金箔，墙面背景墙和床背景采用木饰面加香槟金不锈钢条搭配，电视背景墙为嵌入式不锈钢造型，房间选用灰色条纹系真丝墙纸，中间衬以不锈钢条，凸显立体感。客

商务套房

商务套房

房设计选用了金色和灰色两种色彩元素，延续洲际酒店的风格，经过设计师的设计和专业软装师的打磨，改建后的洲际酒店客房融入了现代元素，给人一种清新、时尚、优雅的感受。

主要材料构成： 2.0mm 镀钛不锈钢、金箔、高级墙纸、亚克力造型板、钢结构楼梯、石材等。

复式客房施工工艺构成： 根据客房复式层钢结构图纸，现场先进行放线浇筑钢架承台，上层做连接导墙增加安装强度，然后在楼梯休息平台做钢支撑，利用楼梯休息平台测量上下踏步的距离，钢楼梯安装完后进行挑空区的栏杆安装。整个复式层钢楼梯区域充分利用原来的布草间位置和杂物间位置，楼梯的宽度相对较小，经过设计优化和施工现场调整，形成了相对宽松的行走环境。吊顶的施工同样是一个难点，复式层是利用原建筑的顶面，隔热是一个难题。与设计师协商后，在屋面层钢架架空层铺设专用隔热板，隔热板采用双面压型钢板，中间衬 8mm 厚岩棉，面层隔热板贴专用隔热反射膜。

客房上下复式吊顶全部采用双层跌级设计施工，吊顶四周设 10mm 的凹槽用于收口，施工时 10mm 的凹槽采用成品定做，保证凹槽的平直美观不变形，局部凹槽上部镶嵌 10mm 柔性垫片，起到保护吊顶四周不开裂的作用。

客房钢楼梯在铺贴石材前，对钢平台台面 6mm 钢筋进行蜂窝状加固，防止石材在钢平台上受振动，引起空鼓开裂起翘。

客房的装修尽可能发挥结构构成本身的形式美，灰色条纹系墙纸和不锈钢条的搭配既尊重了材料自身的质地和色彩的配置效果，又彰显了舒适精致的空间时尚感，碰撞、融合、共生，构建了一种新的平衡与稳定。

大堂

大堂是一个酒店的灵魂中心。原大堂昏暗沉闷，木质造型与白色石材不相配。重新设计后的大堂采用黑白相间的石材与原墙面搭配，中间穿插不锈钢条分隔点缀，呈现出一种与众不同的效果。原大堂的接待台区域拥挤，改进后的接待区增加了一组贵宾接待台，一改以往笨重的视觉感受。采用钢架外包水影砂石材，中间用不锈钢做腰线，接待台下口做灯带装饰，接待台上部的吊顶与接待区域相对应。吊顶采用下挂式，四周用 180mm 宽的不锈钢包裹，凹槽处镶嵌灯带，这样的设

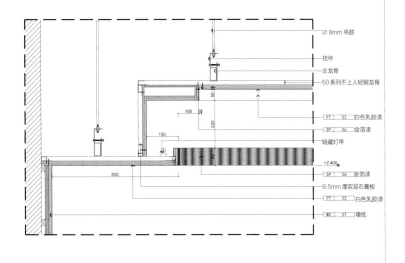

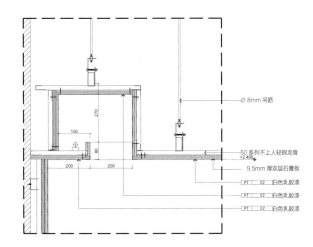

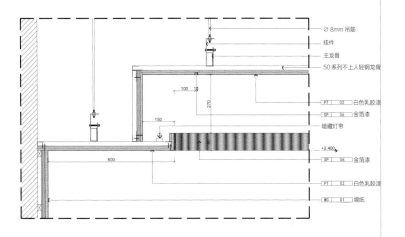

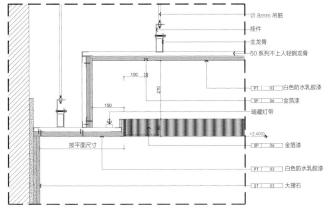

套房吊顶节点图

计有棱有角，突显了接待区的与众不同及重要性。而紧靠接待区，对面休闲区的
24 扇不锈钢屏则体现了酒店大堂的气派与不凡，9.7m 高的不锈钢屏风中间不规
则地镶嵌着 26 块大小不一的透光亚克力板，透光亚克力板在不锈钢两侧凹槽内灯
带产生的灯光照射下显得晶莹剔透，给人气度不凡的感觉。人们在休闲区的屏风
下休息、会客交谈，仿如在一座座城堡之中，如梦似幻。大堂的木饰面全部采用
桑塔纳红，与不锈钢屏风形成一明一暗的呼应，体现了奢华、优雅的设计理念。

大堂的艺术龙设计是整个酒店大堂的精彩之处。艺术龙长 100 多米，高低起伏的龙身持续蜿蜒，是整个酒店的点睛之笔。艺术龙的身体从最高处的 13m 摆动到最低处的 3m，动感十足，充满了艺术感和时尚气息。龙在整个酒店的穿梭和盘旋，仿佛把人们带进了自然博物馆。设计突破了传统，带来了创意无限、非同凡响的感受。

主要材料： 22mm 厚透光亚克力板、2.5mm 厚无痕不锈钢、黑白根石材、进口酸技术木饰面、透光玉石等。

商务套房

大堂艺术龙

商务套房

商务套房

技术难点、创新点

不锈钢屏风

特点、难点技术分析

不锈钢屏风高9700m，加上上部的固定方管200mm，共有9900m高，在不锈钢屏风内用100mm×100mm方管作钢骨架，可增加牢固度和稳定性，但又带来了自重过大的问题。不锈钢包裹可以解决问题，但如何摆放到大堂内，又怎么把这个庞然大物竖起来固定？另外，其中一块大的亚克力板有200多千克重，又怎样安装到屏风上去？最难处理的是，24块屏风怎样躲避艺术龙的几十根细钢丝？而且不锈钢屏风分布在休闲区的不同位置，每安装一块屏风就要移动一个位置，但造型独特的艺术龙又不能碰撞，难度可想而知。

实际施工中，首先对大堂休闲区进行三维激光扫描，在电脑上建立安装模型，计算出每个屏风的安装位置，用透视的方式在电脑上结合三维激光扫描确定用于悬吊艺术龙的细钢丝分布情况，绘制每一块屏风安装的吊装图，确定吊装角度，同样用电脑建模的方式排列出每根细钢丝的位置和高度。

其次，屏风的骨架属于大型钢构件，只能在工厂进行预加工。9700mm高的屏风，骨架就要做到9690mm，长度方向要防止扭曲变形，横向又要确保每根横档的尺寸误差不超过2mm，否则会影响不锈钢的包裹和亚克力板的安装。在加工制作过程中，应同时满足对结构的要求。屏风顶部的安装立杆必须与结构顶面固定。然后在吊顶内将24块屏风用40mm×40mm的方管全部连接，组成一个整体的方形框架，每块屏风相互连接，起到整体稳定的效果。无论怎样推动和敲打，屏风纹丝不动。屏风下部与预埋铁件焊接，增加牢固度。

再次，亚克力透光板的制作也是一大难题。25mm厚的亚克力板需要双面不同方向、不同纹理的车槽，很难找到加工厂。通过多方联系找到厂家后，厂家同样对雕刻的凹槽宽窄不一很为难。为了解决这个难题，厂家与设计团队重新设计和编制雕刻程序，多次试验后才解决了这个难题。

大堂休闲区

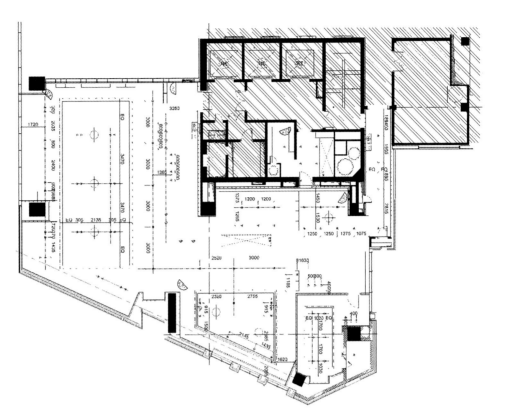

行政酒廊灯具节点图

此外，在不锈钢板加工时，对金属板边缘全部做倒角处理，收口全部采用内翻的形式，既满足了人性化的要求，又美化了形式。钢骨架制作时，外立面每个横断面在阴角处留有亚克力板安装插口槽，既方便安装亚克力板和灯带，又不影响美观，保证了屏风的整体观感。

寻找高水平的专业厂家，对不锈钢板材全部采用激光切割，折弯成型的环节全部在镀膜前完成，确保镀膜的成型面光泽度一致。金属板的加工质量直接影响整个屏风装饰效果。在金属板的加工尺寸上尽量整体调节控制，所有金属板的拼接不允许出现高低差，接缝宽度不允许超过 0.2mm。不锈钢金属板全部加工后在现场根据编号进行安装。

不锈钢屏风施工工艺

测量放线：根据屏风分布位置弹出安装点及放置线，并画出屏风底座的固定点，利用红外线激光仪，把画在地面上的固定点引申到结构顶上，同样标出固定点的中心位置，并将测量和画出的上下固定点反馈给深化设计师。

安装屏风钢骨架前进行吊装设备的安装。吊装设备固定在屏风安装位置的夹角中间，方便两扇屏风的吊装。钢骨架吊装固定后即进行不锈钢金属板的安装。由下往上安装，金属板背面的固定胶采用"Z"字形打法，确保不锈钢金属板不会空响。所有的点焊位置在凹口槽内侧，不锈钢金属板安装后再把灯带镶嵌在竖向槽内。

安装透明亚克力板时，先装大板后装小板，亚克力板的安装不允许凸出槽口。装好的亚克力板必须保持在一个立面上，同时亚克力板上的宽窄车槽纹路也必须保持在一条直线上，这样在灯光效果的映衬下，车槽纹路就会显得十分清晰。

大堂艺术龙（位于大堂整个吊顶区）

主要材料： 5 ~ 12mm 厚不规则半透明亚克力型材板、细钢丝。

设计： 半透明亚克力在艺术龙贯穿整个大堂的大厅和休闲走道区域。龙寓意中华民族的奋发向上。设计师将亚克力型材在现场采用专用热加工折弯机造型，通过电脑 3D 建模的设计把龙的形态生动地再现于大堂的上空。委婉起伏、忽上忽下舞动的龙给大堂带来虚实对比且空间宏大的感觉，虚实结合使整个空间更像一个艺术品陈列馆。

大堂艺术屏风

设计师的主题思想是将酒店大堂作为建筑与室内空间的过渡，以考究的空间尺度，精雕细筑，让整体空间重现大都市的摩登时尚，用艺术的造型和金属的质感营造出时尚与璀璨。

大堂是主楼的裙房，高处有 13.7m，低点有 8.7m，艺术龙高低起伏地悬挂于大堂，对安装工作来说是一个难点。艺术龙的材质是半透明轻质亚克力型材，造型犹如舞动中的红绸带，在空调的吹动下会摆动、翻滚，如何固定是一个难题。由于造型独特又不规则，为在安装时可以掌握艺术龙的平衡和中心点，利用几何形态的原理以设计模数为基础，在电脑上用三维技术建立悬空模型。根据建模的特点，结合现场空间尺寸，设计出全部钢丝的悬挂点位，并用红色线标注。施工安装时分段打印出施工图纸，便于看清每根钢丝所处的位置和点位，最终解决了整个艺术龙共 1100 多根钢丝悬挂点的安装问题，保证每根钢丝受力的均衡，避免重叠受力。

艺术龙的材料为亚克力板材。经过大量对比和选材，最后选择了半透明、轻型光亮型型材。这种型材的好处是便于清理保养。处于公共场所的艺术龙时间久了总会有灰尘，只要拿一个手提式小气泵轻轻吹一下就光亮如新，极大地方便了日常维护清理工作。

大堂艺术龙

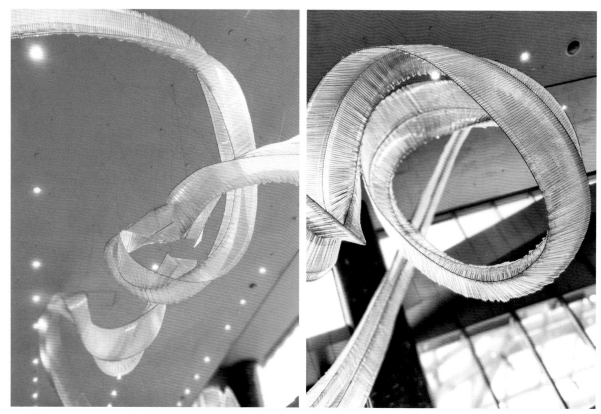

大堂艺术龙

艺术龙施工工艺

测量放线：把电脑中设好的艺术龙悬吊钢丝位置图分别打印出来，先在地面弹出艺术龙位置的控制线，然后用激光放线仪反弹到吊顶面层上，再根据悬吊钢丝分布图纸，把每个悬吊点在顶面标出，并进行固定螺帽的安装。当所有悬吊钢丝的固定螺帽安全完成后，还要用四线激光仪进行检验，每个悬吊螺帽的偏差大小都关系到艺术龙的受力范围，每根钢丝的长短偏差都关系到艺术龙的平衡范围。因此，悬吊点位置正确与否关系到整条艺术龙是否可以按照设计要求呈现。

在安装艺术龙的造型时，搭设了盘扣式脚手架。盘扣式脚手架的高低与艺术龙的造型一致，斜立面的钢丝借助于移动升降机来完成。安装时在艺术龙的最低处放置一个水平仪，每向上 50cm 放置一个水平仪，用于测量艺术龙的高度位置，共放置了 14 个水平仪。每一根艺术龙悬吊钢丝都经过电脑计算出长度并进行编号，安装时对应到每一个经过编号的螺帽中，这样就确保了艺术龙的安装效果。

安装中每三人一组负责悬吊钢丝的工作，一位工人穿引艺术龙身的钢丝，两位工人配合把钢丝穿进螺帽并拧紧。

悟吧

主要材料：钢结构、不锈钢、亚克力板、木饰面、金属帘、艺术玻璃、石材、透光玉石等。

设计：悟吧的前身是酒店大堂的林荫大道休闲区分隔出来的部分，挑空高度9.7m，设计把钢结构夹层变为两个楼面，一楼是悟吧，二楼是行政酒廊。一楼的完成面层高4.8m，吊顶内腔有1m，供排列各种风管和空调管等。

钢结构设计采用标准钢结构构件组成，钢梁采用工程高强度型钢梁，高强度螺栓，压型钢板在专业厂家加工完成后运到现场吊装。

悟吧的设置是为了满足住店客人的娱乐休闲需要，而为了体现悟吧的现代时尚之感，则采用了多种材质进行装饰。悟吧的前厅设置香槟酒畅饮区，用不锈钢酒柜进行分隔，墙面采用高光清水木饰面板，中间镶嵌金属条，显得有层次感。悟吧的后场中心位置用金属垂帘围成一个圆形，中间配以核心筒或沙发。入住酒店的客人在闲暇之余能在悟吧品尝世界各地的名酒，消除出差工作和旅途的劳累。

设计师在吧台的后面运用了咖啡色的瓦楞玻璃衬托墙面，置物台上的不锈钢酒架在背景波浪状的玻璃映衬下，闪烁夺目。吧台采用透光玉石包裹，中间用不锈钢条镶嵌，隐藏式的灯光开启后，透光玉石

大堂悟吧

悟吧

内的石材纹理清晰撩人，仿佛把人带到一种仙境之中。穿过悟吧的前厅，首先映入眼帘的是巨大的电子屏幕，客人在享受美酒佳肴的同时，还能观赏最新的视频节目。悟吧中的每个卡座和酒桌都体现出悟吧的特色，设计师以法国尼斯木作为木饰面的木皮，用高光素雅的清水木饰面墙作为悟吧主墙面的装饰，高雅华贵。

悟吧的钢结构施工是一个难点，要在室内吊装近 20 根大型钢梁，尤其其中一根主跨梁长度 17m，重达 7.6t。经过多次现场研究，决定采用三台电动葫芦吊进行吊装。两个 10t 的电动葫芦吊分别在钢梁的两端吊装，中间放一个 15t 的电动葫芦吊作为牵引和保险。主梁吊装完成后，依次展开其他钢梁的吊装，吊装完成加焊后铺压型钢板。

为了尽量加大悟吧的层高，把吊顶内的管道、风管等全部压缩在规范允许的最小范围内。由于吊顶内的管道较多，其中重型和轻型管道又不能重叠，又要方便桥架的布设，同样采用了电脑三维扫描技术，在电脑上绘出吊顶内腔所有管线的布设。经各施工配套单位确认走向后，进行先重后轻、先大后小的管道施工，避开了相互重叠的问题。由于悟吧的吧台里面采用的是透光玉石，为了更好地表达设计师的思想，在吧台玉石安装位置的内侧增加了一面银镜，银镜四周放置固定灯带，灯光开启后，银镜就有了增加亮度和反光的效果，使得玉石的透视性增加了50%。

悟吧施工工艺

测量放线：根据楼层标高的控制线，测量出钢结构梁的固定位置，并将吊顶的完成面线一并弹出，这样就有了楼面的完成面线和装修完成面线。同样分别弹出各式装饰材质的分隔线，分别将材料下单加工。

不锈钢酒柜的施工要求拼接缝控制0.1mm以内，每个方管的立面光泽一致，整个酒柜高度4.8m，与吊顶完成面一致。酒柜顶部的安装方管插入吊顶内与预埋角铁焊接，地面的固定与预埋铁相焊接，这样保证了酒柜的稳定性。

金属垂帘的安装：在吊顶前先进行预埋件的安装，半圆弧的预埋两侧增加三角固定点，增加固定点的牢固和稳定性就减少了金属垂帘摆动幅度，待金帘安装时调整好垂帘的曲度及弧度，全部安装完使金属垂帘形成一个大圆形。

悟吧

行政酒廊（位于酒店二楼）

主要材料构成：艺术金箔、不锈钢、白玉石材、木饰面、艺术玻璃。

设计：行政酒廊是五星级酒店必备的公共设施，而洲际酒店作为国际级酒店，行政酒廊专供国外驻店的商务人士举行豪华宴请和派对活动。在设计方面行政酒廊延续了洲际的风格，部分运用现代时尚的元素。行政酒廊的私宴包房采用浅灰色的木饰面配不锈钢金属条，背景墙配暖色墙纸，吊顶边口用60mm不锈钢条进行封边，下口离边线150mm用不锈钢条作装饰凹槽，体现顶面造型的立体感。行政酒廊的大厅吊顶造型用艺术金箔装饰，吊顶灯槽造型边口用波浪定型石膏线条装饰并用金箔包裹，体现了洲际的传统风格。行政酒廊也是一个展示酒的窗口，进门处的墙面全部用不锈钢酒架装饰。东侧墙面是用素灰色条的丝绒布做成的软包，软包中间配以香槟金不锈钢条，增加了艺术造型感。圆形的吸顶水晶灯设计既不占用空间，又显得优雅奢华。设计师在洁白的大空间中用不同材质的橙色和棕色作点睛，精巧别致，舒适的沙发和座椅，富有设计感的壁灯和装饰，无不彰显着设计师的品位和格调。阳光透过落地窗，形成良好的自然照明，无论是午后的小憩还是朋友的派对，都能感受到明媚和安定。

行政酒廊施工工艺

根据施工图纸对行政酒廊的三大区域进行放线，再结合各区域的施工轴线弹出顶面造型线和墙面分隔线。大厅区域由于层高的关系尽可能地满足设计标高要求，所有空调管从吊顶造型的两侧开始布设，风管尽可能运用扁形样式。吊顶内施工

行政酒廊

时在不同的吊顶高度区架设红外水平仪，确保吊顶管线不冲突。

根据设计要求，吊顶的金箔施工平整度控制在 1mm 以内，这就要求基底处理非常到位。在涂刷金箔胶水时尽量一次到位，不允许有二遍的情况发生，这样就需要确保胶水的涂刷厚度。金箔施工时从一个面拉线向另一个面一行一行粘贴，使金箔的观感效果尽可能地平整。

瓦楞艺术玻璃的安装要求上下和两侧的缝控制在 2mm 以内，中间的不锈钢条与外侧的不锈钢酒柜在同一条垂直线上。酒柜上的灯带开启，光线照射在瓦楞艺术玻璃上，突出了酒柜陈列品的艺术性。不锈钢酒柜的安装要求纵向扭曲误差小于 0.1°，与石材交接处留缝需考虑热胀冷缩及视觉效果。在玻璃与石材交接处，设置隔振软垫进行连接处理，石材与玻璃的收口处采用透明玻璃胶收口，既不影响装饰效果，也能防止积灰。

行政酒廊

行政酒廊

行政酒廊

上海静安英迪格酒店装修工程

项目地点
上海市静安区裕通路 120 号

建设单位
上海宝矿控股集团

设计单位
上海蒙泰设计事务所
上海全筑设计集团公司

室内施工单位
上海全筑建筑装饰集团股份有限公司

开竣工日期
2018 年 2 ~ 10 月

获奖情况
参评 2019 年度上海市"白玉兰"奖。荣获《城市旅游》杂志颁发的"最佳新开业酒店奖"

社会评价及使用效果
酒店开张之际，正值第二十届中国上海国际艺术节开幕和第一届中国国际商品进口博览会召开，酒店还是第二十届中国上海国际艺术节的主会场及主要嘉宾的入住地。酒店给这两个大型社会活动增添了光彩，入住的客人无不称赞酒店设施和服务以及环境和装修，特别是参加艺术节的国外来宾对英迪格酒店的装修风格给予了极大的好评。酒店的开张也赢得了周边群众和商户的好感。

上海静安英迪格酒店大堂

设计特点

上海静安英迪格酒店由享誉国际的室内设计公司蒙泰设计师事务所一手打造设计。该酒店是洲际酒店集团旗下亚洲的第二家英迪格酒店。蒙泰设计师事务所的创新设计兼收并蓄而又亲切和谐，体现了上海的东西方文化交融、海纳百川、面向未来的城市精神。

坐落于苏州河畔的上海静安英迪格酒店，从筹建到设计定稿就牢牢把握英迪格传统风格与现代时尚相结合的理念，暗绿色和暗金色是英迪格的代表色，几何线条成为整个酒店的构成元素，与现代时尚的古堡灰相搭配，形成了静安英迪格独有的风格。客房之外的接待区、休息区、多功能会议室、精美的宴会厅、顶层空中花园，共同构建恢宏华丽的会所式酒店，营造着贴合人性本质的盈动与大气。整个酒店无论是布局、摆设还是细节，都展现出厚重的人文艺术气息，庄重而不呆板。现代设计手法与古老风格元素相结合的表达方式巧妙地呈现出具有冲突感的视觉效果，营造出理想化的儒雅情景。

体验邻里文化是静安英迪格酒店的一大特色。酒店地下一层特设的紫贝壳书吧，为客人提供上万种中外书籍，以及定期开设文化沙龙、分享会，让人身心不同程度地感受海派文化的滋养。

整个公共区的墙面与大堂现代科技感突出的电子拼接屏，都悬挂和显示着当年梦露的艺术画。当客人走进电梯时，多幅梦露的画像陪伴着客人。当奢华的电梯门慢慢打开后，映入眼帘的是一幅梦露的落地艺术画，仿佛梦露在欢迎客人的到来；当客人来到河畔餐厅的门前，首先看到的是 6 幅梦露的拼接画在迎接客人，接着就是享用河畔餐厅的美食。电子拼接屏上闪烁着不同时期的梦露画像，带人回味当年梦露申影的时代气息。

酒店大堂电子拼接屏

分功能空间

酒店大堂

主要材料：不锈钢、木饰面、瓦楞玻璃、石材。

设计：大堂作为酒店的灵魂和中心，也是设计师呈现思想和理念的舞台。静安英迪格酒店大堂以充满梦幻感的绿色、暗金色和古堡灰色，以及几何线条作为设计元素，休息区扑面而来的巨大拼接屏可以同时展现 28 个不同的视频，18m 宽、3m 高的 LED 背景墙一下子就能抓住客人的视线，大气、精致，体现整个休息区的时尚与现代。前台和大堂吧台设计充分展现了设计师"雕琢奢华"的理念。大堂随处可见"BlingBling"的装饰画，无论从哪个角度看都散发着光芒，在暗色背景下视觉效果更加强烈，让人仿佛置身电影片场的光影空间。河畔餐厅门口的"梦露墙"上，热情美丽的梦露形象瞬间将人们带到了那个星光灿烂的年代。上网休息区灰镜和香槟金色不锈钢搭配，形成低调奢华和内敛雅致的现代感。大堂的惊艳还体现在电梯厅及电梯内，暗绿色的瓦楞玻璃正对着三部电梯，当电梯门打开时，光彩照人的大幅梦露艺术画像展现在人们面前，设计手法不落俗套。设计师融合现代风格与复古主义，形成了丰富的感官体验，让宾客沉浸在幽静的氛围中。

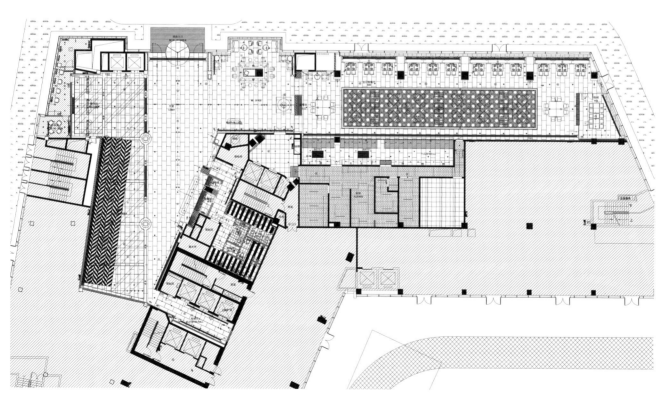

酒店大堂平面图

酒店大堂休闲区

技术特点、难点分析及创新点

酒店大堂完成面高度 6.3m，设计师对木饰面的要求很高，采用整块的木饰面来体现
设计效果。暗绿色瓦楞玻璃采用三块分隔，上下两块小的，中间一块大的，中间及
拼缝用金色不锈钢镶嵌，木饰面整块的高度 6.2m，造型分隔按图纸设计要求。如何
安装 6.2m 高的木饰面是一个难点。主要是板块太大，又要防止变形和开裂起翘等
质量问题。经过与厂商技术人员多次研究探讨，采用背条倒插的方式进行安装。另
外一个施工难点是休息区的 LED 拼接屏的安装。LED 拼接屏是悬挂于一个大型的
木饰面和不锈钢造型框中，28 个大小不一的 LED 拼接屏错落有致地安装在造型框中。
造型框高 3.4m，长 18m，内腔是悬挑设计，如何固定木饰面板和 28 个 LED 屏也
是难点之一。根据图纸深化的要求，采用双钢架和龙骨架制作，钢架起到承重和稳
定整个造型的作用，钢架与龙骨架的固定采用燕尾螺钉固定。

大堂施工工艺

木饰面安装

在墙面上弹出所有隔墙龙骨的位置线。需要隔墙分隔的位置，弹出隔墙位置线，制作轻钢龙骨隔墙。隔墙垫层龙骨采用 50 型龙骨作为竖向龙骨，用于固定基层板，弹线完成后进行竖向龙骨的安装，安装完进行平整度调整，用红外水准仪及拉通线进行调整，平整度误差不大于 2mm。封基层板时板与板错开，接缝不能在同一条直线上，螺钉间距控制在 200mm 以内，板与板的接缝宽度不大于 5mm。安装基层板时一定要确保平整度，否则会影响木饰面的平整度效果。安装时螺钉要嵌入基层板内 1mm。

安装木饰面时先清理基层板上的毛刺及查看有无突出的螺钉，查看基层板与龙骨固定有无松动情况，然后根据木饰面加工和安装编号进行挂条固定，基层板挂条和木饰面板挂条必须对应。挂条螺钉间距控制在 200mm 左右，每块木饰面板用 6 根挂条安装。在木饰面的侧边口同样也安装固定条，侧边固定条先与木饰面固定，在木饰面安装上墙后，再与基层板固定。木饰面安装前在挂条的槽口内和挂条上注入结构胶，注胶要均匀、呈点状，接缝处应多注，以防止开裂起翘。安装时放置好红外线水平仪随时观察垂直度，木饰面放到安装位置后把木饰面板抬起，底下放一根方木用于撬动木饰面。往上抬起木饰面时，查看木饰面是否进入槽口内，在当木饰面进入槽口内时，在木饰面的正面轻拍挤压，让木饰面与基层板更加贴合。木饰面板的底部垫实、不松动后，再接着安装后续木饰面板。木饰面的拼缝采用密拼，缝隙全部隐藏在木饰面线条后面，工艺缝应对直贯通，完成后对工艺缝略作修饰。

LED 拼接屏及造型架安装

测量放线。依据深化图纸尺寸进行放线定位。先制作外钢架。钢架采用 50mm×50mm 方钢管制作，全部焊接方式固定，钢架的下部做支撑造型，钢架上部与原结构顶固定，钢架的背景用 50mm×50mm 角钢与结构墙面固定，钢架的竖向间距为 1000mm。然后制作龙骨架。龙骨架固定在钢骨架内侧，采用螺钉固定，龙骨架的竖向横向间距统一为 300mm，龙骨架安装完后拉对角线调整方正度，外侧面的龙骨架拉通线调整平整度，误差控制在 2mm 以内。封 18mm 厚基层板，造型框内安装木饰面时木饰面须密拼，木饰面板背面打胶采用点状，木饰面板的侧边可以用少量枪钉固定，防止起翘。

安装 LED 拼接屏时首先依据每个 LED 屏的位置进行放线定位，然后安装 LED 屏的伸缩支架。支架安装完后把所有的连接电源线和信号线固定到位，再安装 LED 拼接屏。拼接屏的上下左右间距尺寸必须满足设计要求，安装完成后进行通电调试。最后安装上下侧的绿瓦楞玻璃。

河畔餐厅

主要材料：大花绿石材、黑色艺术玻璃、不锈钢、木饰面。

设计：河畔餐厅位于酒店大堂的左侧，是酒店一楼空间中最具灵动性的位置。河畔餐厅的设计风格延续了英迪格主色调，采用直线线条推进，以黑色为主基调，局部立面配以暗绿色瓦楞玻璃，其中又以金色不锈钢条进行立体分隔，突显空间层次感和序列感。长方形的餐厅靠后通道侧设计了玻璃隔断包房，玻璃包房内客人可以带着自己的音乐来就餐，营造属于自己的小空间而彼此不会打扰。相对于开放式就餐区，黑色的色调给人以不同颜色的视觉冲击感。

酒店大堂拼接电子屏

设计师对餐厅地面用大花绿和水云沙石材作造型区分，主要是突出造型中的圆形和方形相互衬托关系，周边的基础石材用蝴蝶兰满铺，体现了河畔餐厅独有的风格。吊顶上悬挂着五个中国特色造型的灯笼吊灯，增加了中式韵味。在餐厅的北面，设计师还设计了一个露天花园，供客人休闲、品尝下午茶，露天花园的水景造型和绿色钢竹映衬着自然气息，给人以舒适愉悦的心情。

技术特点、技术难点分析

河畔餐厅的特点是空间较大，吊顶空间内的设备较多。由于靠近设备机房，大部分的空调管线、排风管、消防管、强弱电桥架等都需要在餐厅吊顶内穿越，这给吊顶的施工带来了难度。另外餐厅的明档是一个餐厅的脸面工程，明档的宽度有 1.6m，两段总长度达 22m，且明档下的设备和电源及上下水管众多，是餐厅施工中的一个难点。

河畔餐厅施工工艺

吊 顶 施 工　　测量放线。根据深化图纸，结合现场所有管线的走向，先弹出吊顶造型分隔线，再弹出吊筋位置线，遇有管线的进行避让并进行吊筋调整。吊筋的间距不超过1000mm，采用ϕ8螺纹镀锌钢筋。主龙骨应从吊顶中心向两边分，主龙骨吊挂在吊筋上，应平行于餐厅长向安装，安装时应起拱，起拱的高度为开间跨度的1/200~1/300。主龙骨的悬臂段不应大于300mm，接长应采取对接方式，相邻龙骨的对接接头要相互错开。主龙骨挂好后应基本调平。安装边龙骨时，应按设计要求弹线，沿墙面和柱上的水平线安装边龙骨。安装副龙骨时，副龙骨用挂件固定在主龙骨上，间距为300mm，副龙骨的两端应搭在L形边龙骨的水平翼缘上，并用螺钉固定牢固。对安装到位的吊顶龙骨架进行全面检查矫正，将所有的吊挂件及连接件拧紧，吊挂牢固，使整体骨架稳定可靠。封石膏板前对吊顶内所有设备进行调试，合格后开始封板。双层石膏板拼缝时应错缝，板缝高低差不大于1mm，缝宽不大于5mm，螺钉间距不大于200mm。

明 档 施 工　　酒店的明档与一般的厨房料理台不一样，明档的台面要宽300mm，增加300mm放置餐盘。明档的施工，钢架基层是关键。根据装修图纸和厨房设备图纸进行深化，然后进行现场定位放线制作钢架。钢架采用50mm×50mm角铁和40mm×40mm方钢管制作。先依照图纸把明档钢架的内衬钢架焊好，复核摆放设备的外径尺寸，符合要求后开始制作明档钢架外框，外框尺寸依照基层完成面尺寸制作。钢架完成后进行固定，然后封9mm多层板，多层板用螺钉与钢架固定，螺钉固定间距不大于150mm，螺钉须嵌入多层板内1~2mm。钢架平整度偏差不大于2mm，垂直度偏差不大于1mm。石材安装根据排版编号依次进行铺贴，石材铺贴采用AB胶与基层板粘贴。石材铺贴完须抛光打磨处理，保证接缝手感光滑，边口圆润。

水晶宴会厅

主要材料：不锈钢、木饰面、艺术玻璃、墙纸、LED灯。

设计：二楼区域为大型水晶宴会厅。宴会厅主要有前厅休息区、门厅长廊、衣帽间、贵宾室、音频控制室、新娘化妆间、备餐厨房。

水晶宴会厅根据现代时尚奢华的理念设计，顶面采用二级吊顶造型，中间吊顶近600m²的面积采用1000mm×1000mm的黑灰镜玻璃装饰。吊顶玻璃上安装32个水立方不规则造型灯饰，共有27000个灯珠点缀在水立方造型上，打开灯，整个宴会厅将像水晶般闪闪发光，像宫殿般辉煌。宴会厅面对正门的26m长、3.5m高的LED屏同样是一大精彩亮点。LED屏既可以同步时事资讯，又可以现场播报

餐厅

展示文娱演出盛况。水晶宴会厅的门厅面对着长廊，门厅采用 16 扇对开门设计，门扇高度 5.8m，宽度 1.1m，给人以沉稳气派的感觉。

整个水晶宴会厅绚烂瑰丽，堪称沪上豪华酒店中的一绝，顶部玻璃设计让人震撼不已。设计师大胆运用现代成熟工艺手法，超大型的 LED 屏在顶面玻璃中的反射倒影仿佛把人们带入奇幻无比的境地。

技术特点、难点分析

水晶宴会厅空间较大，高空作业是整个宴会厅施工的一大特点；宴会厅采用二级吊顶造型，中间近 600m² 的玻璃顶是施工的一大难点；另外，32 个异形水立方造型灯饰的安装也是一大难点。对于如此

大面积的玻璃吊顶施工，最突出的就是安全问题。如何防止 1000mm×1000mm 的玻璃脱离技术人员和设计师经过研究，决定短向跨距用黑色不锈钢条镶嵌，黑色不锈钢螺钉固定，不锈钢条折成 π 形嵌在玻璃与玻璃之间的凹槽内。每块 1000mm×1000mm 的玻璃自重 12.5kg，经过计算，用 400g 的结构胶打在玻璃背面的 25 个点上，使每个胶点均匀分布在玻璃背面，等玻璃固定、胶干透以后，对纵向的玻璃与玻璃间的凹缝贴美纹纸、打胶。

玻璃安装前，先选定 5 块玻璃作拉拔试验，拉拔试验采用 4 个 100kg 的吸盘，分布在玻璃的 4 个点上，用 2m 长的绳子下面吊 50kg 的水泥，静置 4h，玻璃不脱离、不开裂为合格。

水晶宴会厅施工工艺

吊 顶 基 层　吊顶龙骨安装完成后，进行多方位调整。根据灯饰图纸对灯具固定位置进行加固处理，检查吊筋和挂件有无松动情况，拉通线检查吊顶龙骨平整度。

安装基层板。基层板采用 18mm 厚木工板，基层板封板从一端向另一端开始封，封板用红外水平仪控制基层板的直线度。基层板的接缝宽控制在 ±5mm，板与板的接缝应错缝固定。吊顶基层板封完后进行水平度和平整度调整，水平度控制在 ±2mm 以内，平整度控制在 ±2mm 以内。

顶面玻璃安装　测量弹线。用 2 台四线红外水平仪，依据深化玻璃顶面图纸尺寸，弹出所有玻璃分隔线，纵向玻璃分隔线采用双线弹出，横向玻璃分隔缝采用单线弹出，结合顶面灯位图、音响喇叭点位图、消防喷淋点位图，弹线标出并按相应孔径尺寸在基层板上开出，偏差不得大于 ±5mm。

弹线完成后根据实际弹线的玻璃分隔尺寸下单。玻璃加工采用规格型，所有顶面上的孔径尺寸待玻璃安装时在现场裁割。

玻璃安装。采用两组人员从吊顶的中间对分，由横向的一边向另一边安装。在脚手架上的人员负责打胶，测量孔径尺寸和安装玻璃，下面的人员负责对玻璃进行开孔。分工明确地进行整个玻璃的安装工作，有序控制安装进度。

玻璃安装打胶要求。采用硅酮结构密封胶，每支软胶只能打一块玻璃，每块玻璃必须打 25 个胶点。硅酮结构密封胶打成点状，间距大小一致，胶的厚度不得低于 3mm，有开孔的玻璃在圆孔的周边增加硅酮结构密封胶，以增加圆孔周边的强度，减少圆孔开裂情况发生。玻璃上顶后，用小木块进行临时固定。整个宴会厅顶面玻璃安装完成后静置7d，开始安装黑色镀钛不锈钢压条。压条用螺钉固定，螺钉间距在300mm以内，不锈钢条的拼接采用密接缝连接，不锈钢条的直线度偏差不大于±1mm。

顶面玻璃打胶。在顶面玻璃槽口两侧贴美纹纸，然后打硅酮结构密封胶，打胶时胶缝应平滑无气泡，打完胶后清除掉美纹纸。

LED灯饰安装　　测量定位放线。LED灯饰每组有15.5m²，而且每组灯饰造型都是不规则形状，根据图纸找出每组灯饰所在的位置，分别用红色弹出定位线，把灯饰吊筋点标出。

顶面玻璃和木基层开孔。在已经标出的所有灯饰吊筋和线孔位置进行开孔，开孔尺寸50mm，开孔允许偏差±5mm。

吊筋和灯饰骨架安装。灯饰异形骨架在地面拼接后用穿孔吊筋固定在玻璃吊顶上，灯饰骨架悬空于玻璃上3mm，吊筋在结构顶面钻孔固定。灯饰骨架安装完成后将所有固定螺钉拧紧。

LED装饰架灯珠安装。弹性LED装饰架在地面拼接固定牢固后，灯珠根据造型灯饰数量安装。LED灯饰架与灯饰骨架固定用专用锁片固定在灯饰骨架上，锁片间距控制在500mm，弹性LED灯饰架安装到位后进行模型调整和电源连接调试。全部造型灯饰安装完成后进行通电调试，合格后临时进行保护。

500 西餐厅 + 酒吧

主要材料：石材、地板、不锈钢、木饰面、艺术玻璃、金属帘。

设计：500西餐厅+酒吧位于酒店的18层、19层（18层是500西餐厅，19层是高档酒吧）。500西餐厅+酒吧采用落地环绕玻璃幕墙设计，视野开阔，周边美景尽收眼底。500西餐厅的包房设置在东西两侧，包房设计有卡拉OK音响系统和烛光晚会系统。包房的设计风格以英迪格传统绿色为主，四周木饰面墙中间镶嵌艺术玻璃，顶面采用黑灰镜玻璃，增加宴会就餐的气氛。西餐厅区域采用传统的白色，木饰面上挂着"梦露"不同年代的肖像画，给整个西餐厅增加了艺术气息，仿佛把人们带到了20世纪30年代"梦露"电影流行的时代。餐桌椅沿着大块的落地窗摆放，客人一边享用美食，一边可眺望周边的景色。

设计师抛弃了"别致"的概念，希望在这片充满历史记忆的地域里，展现其优雅而

吧台

又发人深省的强烈对比。利用大楼的本身结构在 19 层设计了空中牛仔酒吧，酒吧采用卡座设计，富有传统色彩，增加了私密性，酒吧的布置和设计令人想起传统巴黎沙龙的温馨气氛，喝上一杯拉菲，与三五知己时而热烈时而亲密地聊天，给人放松愉悦的享受。透过环绕的落地窗坐拥惊艳的上海摩天美景，完全颠覆对于酒吧的老套印象。这里找不到传统酒吧惯用的装饰——橡木桶，而会发现很别致的"浴缸"形状的沙发椅，配以金色不锈钢与受装饰艺术启发的桌子，相辅相成，而在楼梯口对称摆放着的金色酒柜，成了整个酒吧区域的亮点——像是舞台上的杰作，让人突然回神，酒在这里仍然是主题。酒吧露台上舒适的沙发和桌椅，花草树木散发着诱人的清香，使人对休闲又有了更深入的理解。

技术特点、难点分析

餐厅区域的地面用是石材和橡木地板拼接而成，施工中地板和石材拼接的平整度控制与接缝处理是技术难点。

根据原结构面和电梯门槛的标高线弹出餐厅区域施工完成面水平线，结合深化后的图纸把地面石材的分隔线弹出。施工时先把条形石材铺贴完成，然后在石材与石材的分隔区内进行地面找平，找平后的高度须满足地板铺贴后的完成面高度。找平完成后在石材的边口安装不锈钢收口条，最后铺贴人字形地板。施工难点是确保石材与地板的平整度，往往地板会出现松动或防潮垫会出现收缩的情况，容易造成地板下沉 1~2mm，此时就会形成石材与地板不在一个完成面上，有高低起伏的感觉。

500 西餐厅 + 酒吧施工工艺

人字形地板安装　在地面弹出中心轴线，确定地板铺设和石材的分隔位置线。在板条一端用胶带贴出一个正方形标记，以便后续在地面画出工作线。将地板放在中心线上，根据地板的边角在地面上做标记，连接这些标记可以得到两条与中心线平行的工作线。

用胶合板制成一个直角三角板，将三角板的中线与地面工作线重合、长边与铺设区域边缘重合并钉住，两条直角边长度应与地板相匹配。

根据中心线和三角板放置地板，确定拼接位置。将地板安装于恰当的位置。将板条相连安装，这时已经可以看到人字形的雏形了。然后将三角板卸下、转移，使地板不断延伸至两侧，直至已安装到边界线。最后移开三角板，将这几个空白的三角形区域铺上板条并用木工胶粘合。用胶带标记出边界线，将多余的地板边角切除，切割整齐。

顶面玻璃制品安装　在玻璃订货前，深化玻璃翻样图。翻样图要根据设计说明、施工面的形式、面积大小，确定玻璃分格分块或压条尺寸、玻璃品种、规格、尺寸、安装方式，包括基层龙骨的排列，基层木板的规定，严格按照图纸进行。

吊顶龙骨板面基层，要求基层面平整无空鼓或不平现象，特别要详细检查，用靠尺逐块核实。发现问题及时修整。

根据深化图确定分格尺寸，在基层板上弹出纵横分隔线，安装玻璃前清理玻璃背面的灰尘和检查基层表面有无硬物。粘结胶的注点要饱满，间隔不能太大，应该采用多人在水平的状态下同时托起，防止扭碎玻璃。玻璃两边的缝隙一致，玻璃上顶后用手轻拍压实，可用木压条或金属压条固定，待胶凝固后取出，然后在缝的槽口内打胶。

客房

主要材料：不锈钢、石材、3D 喷绘、木饰面。

设计：与大堂如出一辙，客房也呈现一种自然色调，用高级灰来衬托英迪格客房的效果，灰色嵌板和灰色木饰面加上时尚现代及用夸张手法做成的床背景喷绘，产生强烈对比效果。色彩鲜艳跳跃的地毯，使人感觉轻松、愉悦、舒适。偌大的浴室设有一堵镶在抛光钢框中心的玻璃墙，望向苏州河景观，并设有开放湿区，当中附设配有长方形双瓷面盆的简约盥洗台，时代风尚，而独立浴缸也同样时尚摩登。

设计师特别运用优雅醒目的装饰和时尚的定制家具来营造英迪格客房充满欧亚风情的温馨氛围。透过落地窗，坐拥令人惊艳的上海摩天美景，不管是在哪个客房都可以拥览无与伦比的市中心美景。

客房

客房面积 70~118m²，舒适宽敞。大屏幕液晶电视及国际频道、无线及有线高速网络、胶囊咖啡机等现代化设施一应俱全。

客房施工工艺

背景喷绘工艺　酒店客房背景装饰采用剑麻丝材料，现场采用红外光谱 3D 扫描喷绘工艺，此技术是目前国际最流行的一种喷绘技术，施工技术要求和材质及环境要求相当高，材料和施工机械全部为日本进口，由专业人员操作，优点是色彩仿真度高，手感细腻，不易褪色。

剑麻丝布料。裁剪时略大于基层板面积 100mm，用于包边、安装不锈钢收边条。安装铺贴剑麻丝布料时，用锯好的 15mm×15mm 的木条，在剑麻丝布料的纵向两边进行包裹，然后用马钉枪将木条与剑麻丝布料固定，固定时布料一定要拉直，

客房休闲区

不得有褶皱。剑麻丝布料安装到基层板上时，先把上面的边口固定木条与基层板的边口对齐固定，上侧固定一定要顺直，不得弯曲，直线度不大于 1mm。上侧固定完成后再固定下侧的木条，下侧木条固定时一定要绷紧剑麻丝布料，确保剑麻丝布料服帖地附着在基层板上，再用枪钉把木条牢牢地固定在木基层的边口，最后将剑麻丝两侧的布料绷紧后用木条直接固定在基层板上。

剑麻丝布料完成后，安装不锈钢收边装饰压条。不锈钢条拼接时拼缝须严密，不得露缝，电焊处全部在阴角。不锈钢长方形框对角误差不得大于 2mm，完成后即对不锈钢进行成品保护。

剑麻丝布艺喷绘。把设计确认好的每个客房对应的图案进行编号标注后拷贝到计算机中，根据计算机算出的颜料色谱进行配色，调色由红外光谱 3D 扫描喷绘机自动完成。

喷绘前将室内清扫干净，不得有灰尘。喷绘机的轨道安装水平度控制在 0.2mm 以内，喷绘时尽量减少室内的振动。喷绘机调试后进行试喷，检查机器喷嘴的出墨效果和色彩的浓度，合格后开始正式喷绘施工。

正式喷绘时检查剑麻丝布料与基层的贴合情况，当喷绘机的喷嘴温度加热到 55℃ 时，就可以开始大面积喷绘施工，喷绘 10min 后即可进行保护，以免喷绘图案被污染。在酒店客房正式入住前，再对剑麻丝喷绘图案喷涂一层纳米镀膜加以保护，这样既能保护材质的新鲜感又能提高喷绘的逼真效果。

客房电梯厅艺术陶板的安装

钢架木基层制作。钢架采用 20mm×40mm 方管制作，根据图纸尺寸在墙上弹出艺术陶板的位置。在地面制作钢架，钢架全部采用焊接方式连接，然后固定在墙上，固定采用 ϕ10 膨胀螺钉，间距控制在 400mm，钢架的长度是 2800mm，高度是 800mm，深度是 200mm。钢架固定完成后涂刷防锈漆，然后封 15mm 厚多层板，多层板固定采用自攻螺钉固定，间距控制在 150mm，螺钉嵌入多层板内 2mm。

艺术陶板安装。根据陶板尺寸，画出挂件的安装位置点，把艺术陶板专用挂件用 AB 胶进行固定，待固定的挂件干了以后开始安装。安装时根据艺术陶板的编号依次进行安装，艺术陶板安装时须对基层板进行注胶，采用结构胶加挂件安装增加艺术陶板的安全性和牢固性，注胶厚度须达到 5mm，采用点状法进行注胶。陶板安装后须及时调整平整度和垂直度，陶板采用密拼方式，安装不允许有缝隙，全部安装完后进行修补，修补用原色陶粉配透明胶水，待修补部位干透后进行打磨处理。

对安装完的艺术陶板上的红色花朵进行修复。设计时每块艺术陶板上都有仿名家的红色花朵图案，在拼装时难免会有细小的缝隙，此时就要细心修补上色。修补用同样的陶粉配红色玉石漆调和，用 8mm 宽油画笔进行修补，修补的效果要看不出花朵图案上的细小缝隙。全部修补完成后用软刷清理干净并保持干燥。

会议中心和下沉式广场

主要材料：绿植、石材、不锈钢。

设计：酒店会议中心包括下沉式广场、会议中心、公共廊厅及会议演播厅，共设有16个大小不一的高档会议室。其中下沉式广场是整个会议中心核心部分，采用不规则多边玻璃穹顶设计，既加强了地下会议中心的采光效果，又增加了通透感。作为静安英迪格酒店地上的形象标志，硕大的玻璃穹顶坐落于酒店的前方，也成了酒店的景观之一。穹顶的门前和侧面设有知名品牌的咖啡屋和甜品店，增加了周边地区的人气，并给人们带来了休闲享受的环境，在上海滩上，高档酒店周围有如此亲民设施的还不多见。顺着58步台阶来到下沉式广场的地面，抬头仰望玻璃穹顶，顷刻间穹顶的通透感让人感受到设计师的用意，阳光直射在下沉式广场的每个角落，给多样性风格的会议室增加了概念式的空间美感。每间会议室创造出不同以往的空间美学设计，试图让参加会议的人在短暂驻留的时间内感受到惊艳的空间渲染张力，进而传达知名会议中心品牌在市场上的影响力。为了有别于一般会议中心空间的设计框架，设计师采取高度视觉化的感官接触方式诠释了其对空间场域氛围的理解，将集体人流移动或竖立的影像轨迹映像于空间，进而形塑空间的多样意象表情。

设计师在硕大的墙面上采用了立体分格设计，用石材和绿植墙作为墙面的主体装饰分隔，既不显单调，又增加了环境艺术的美感。13m 高的墙面采用 2.2m 的宽度来分隔，2.2m 宽的干挂石材墙面比 2.2m 宽的绿植墙凸出 100mm，这样就增加了立体感。绿植墙的下部设计有绿植水箱并与所有绿植墙上的水箱循环连通，便于绿植养护管理。

会议中心公共廊厅主要为人流汇集及过往的交通动线空间。公共廊厅设有三个出入口，主要出入口正对下沉式广场大楼梯踏步，另两个分别通往地下一层车库和英迪格酒店。

技术特点、难点分析

下沉式广场所有的立面采用干挂石材，13m 的高度对钢架制作和石材干挂施工是一个难题。大面积干挂石材施工关键在于对石材面的平整度把控，石材的折光面再加上玻璃穹顶的采光照射，对石材面的平整度要求更高。绿植墙的施工也是一个难点，体现在绿植墙钢架与绿植不锈钢框的吻合度及绿植架的安装上。

会议中心和下沉式广场施工工艺

钢 架 制 作	测量放线。依据图纸标明的完成面尺寸弹出地面干挂石材完成面线及绿植部位完成面线，根据现场尺寸并照图纸石材排版情况弹出石材面与绿植位置的分隔线，然后把石材钢架的纵横向位置线弹出制作钢架。
石材和绿植钢架	竖向钢架采用50mm×100mm镀锌方管，横向采用50mm×50mm镀锌方管，墙面用200mm×200mm×5mm专用镀锌钢板和18mm膨胀螺钉固定，竖向方管用焊接方式与固定钢板连接，横向方管与竖向方管采用焊接方式连接。石材干挂用50mm×50mm角钢与钢架焊接固定，固定距离根据石材排版尺寸，角钢固定前钻ϕ12的圆孔，用于干挂石材角码固定。钢架焊接完成后清理焊渣并涂刷防锈漆。
石 材 干 挂 安 装	根据到场的石材编号在现场预排检查石材是否有色差和爆边缺角的情况。安装前在钢架上弹出每一排石材的分隔线，便于石材安装时参照。安装时根据石材的编号从底边开始逐排干挂安装。安装时石材开槽的深度应符合要求，槽开好后应先预装一遍，查看石材的平整度和水平度是否符合要求。待角码的尺寸调节到位后注胶，注胶前需对石材开槽部位进行灰尘清理。安装中先用石材云石胶固定，待平整度和水平直线度调整至符合要求后，再用AB胶固定。平整度用2m靠尺及红外水准仪把控。每完成一块石材安装都必须把控水平度、平整度及垂直度。
绿植框与绿植安装	根据深化后的图纸，对绿植框进行木基层板制作，对照每个绿植墙分隔的宽度，木基层做完后参照绿植的安装尺寸制作龙骨。绿植安装龙骨采用卡式龙骨，龙骨与钢架用螺钉固定，龙骨每间隔120mm一档。龙骨安装完成后开始安装不锈钢边框，不锈钢边框的宽度180mm，两侧不锈钢框安装时用木板对不锈钢板进行支撑，防止不锈钢板变形鼓凸。最后根据效果图来布置植物。待绿植安装完在底部水箱注水，并保持水24h循环。

舟山三盛铂尔曼酒店装修工程

项目地点
浙江省舟山市海洲路 117 号

工程规模
总建筑面积 47426m², 分为地下 2 层、地上 20 层,
设有 254 个客房,其中 20 层为总统套房

建设单位
三盛地产集团

设计单位
浙江大学建筑设计院
上海全筑设计集团公司

室内施工单位
上海全筑建筑装饰集团股份有限公司

开竣工日期
2017 年 11 月~2018 年 10 月

获奖情况
参评 2019 年度"钱江杯"

社会评价及使用效果
铂尔曼酒店的营业,给舟山酒店行业增添了光彩,
丰富了老百姓酒店住宿消费的多样性。铂尔曼酒
店是以五星级酒店为标准建设的酒店,酒店的住
宿环境不仅仅赢得了住宿人员的赞誉,更给当地
青年人举行婚庆提供了一个高档华丽的场所,得
到了社会和各界人士的普遍好评。

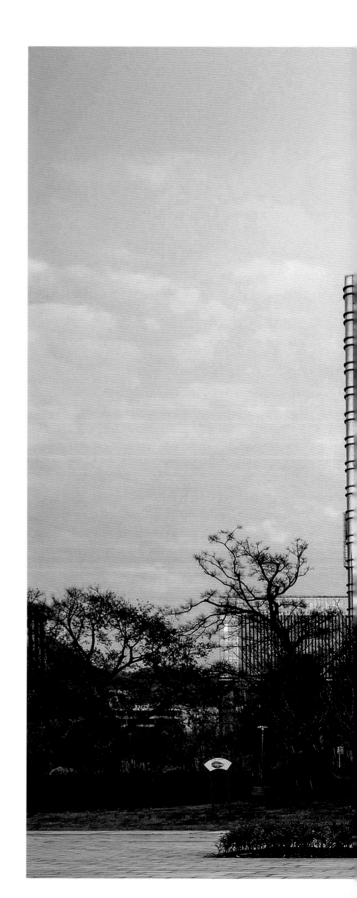

舟山三盛铂尔曼酒店

设计特点

三盛舟山铂尔曼大酒店位于浙江省舟山市的主岛上，地理位置优越，毗邻海边。酒店的主楼外形设计呈流线形，采用框架玻璃幕墙设计，酒店所有客房都面临大海，站在客房的每个位置都能眺望大海。设计师在此不惜放弃局部的客房面积，也要把海景呈现给每一位入住的客人。

酒店的外立面采用蝴蝶蓝外墙玻璃，与湛蓝的海水相映衬。从海岸边远处眺望，铂尔曼酒店给人一种宏大的气势，带动了周围的景观，顷刻间让人感到其在海岸边的雄伟身姿。

酒店主楼有 20 个楼层，裙房 5 层。一层为酒店大堂及全日餐厅。二层设有餐厅包厢及中餐厅。三层设有宴会厅、餐厅包厢及宴会厨房。四层设有大小会议室、SPA、健身房、棋牌室等功能区域。五层设有露天游泳池及空中花园。宽敞完善的宴会空间与设施，是酒店每天最繁忙的中心。酒店设有 254 个客房，其中 20 层为总统套房。客房和套房全部面临大海，无论是躺在床上或是在休闲沐浴中，只要打开电动窗帘就能看到大海。

酒店设计风格沿用了大海和波浪的寓意。大海是宽广的象征，因此铂尔曼酒店的设计也体现了一个"宽"和"大"，无论是大堂还是客房都比一般的五星酒店设计得大气；波浪象征着前进的方向，因此设计师采用波浪曲线的美感来设计，曲线美在铂尔曼酒店体现得淋漓尽致。高雅地标性的设计尽显时尚格调，会聚了优雅与品位，提供了极致奢华享受的尊贵场所。同样，酒店有别于传统豪华酒店，秉承让客人独享"雕琢奢华"的理念，将度假胜地的感觉巧妙地融入于当代都会空间中，形成低调奢华和内敛雅致的现代感，现代风格与复古主义融洽互生，丰富的感官体验让宾客沉浸在个人专属奢华所带来的全新感受中。

功能空间

酒店大堂

主要材料：艺术玻璃、不锈钢、铜皮、银箔、石材。

设计：酒店大堂位于酒店主体结构的一层和裙房的中间，大堂正面对着大海，设计师选择此面为酒店的大堂入口，给人以无限的遐想。客人坐在大堂吧就能远眺大海。大堂层高 8.5m，吊顶造型

酒店大堂

酒店大堂俯视

采用波浪曲线设计，二楼挑高观景围栏同样采用波浪曲线设计与大堂吊顶造型呼应。大堂六根立柱用天然石材包裹，离地 400mm 用古铜色不锈钢做成波浪形反边，给人一种踏浪的感觉。大堂的地面选用浅色系石材加水刀拼花造形，给人素雅华丽、盈动与大气的感受。整个大堂选用较多的古铜色金属材质作为装饰材料，设计师运用现代设计手法与古典风格相结合的方式巧妙制造了具有冲突感的视觉效果，并成功营造出理想化的儒雅情景。

酒店大堂设计的一个最大特点是运用了多面圆弧曲面造形。吊顶石膏板上采用大波浪凹槽设计，挑空围栏用了三级圆弧造形加反光灯槽设计，体现了大海波浪滚滚不息的意韵；大理石墙面上的海鸥造形，点缀着生命的灵动性。吊顶上的吊灯设计也按照波浪的线形来设计，灯光打开时，犹如海面波光粼粼的镜像呈现在整个大堂中。

技术特点、难点分析

酒店大堂的最大特点是造形圆弧和装饰材料的不规则曲面，这让施工和测量放线都比较困难。吊顶面上的曲面凹槽和观景围栏的曲面造形是施工的难点。经过技术分析，用 50mm 的 PVC 水管做成六个不同弧形的曲面模型，用模型来指导现场施工并作为面层材料加工的依据。模型共分六种：凹形模型三种，凸形模型三种，其中凸形模型最大的弧形长度为 3.4m，这样就解决了施工中圆弧型的难题。同样，圆弧模型也作为验收圆弧造型的参照。

酒店大堂施工工艺

挑空观景围栏部分施工

挑空观景围墙造形全部采用圆弧曲面设计，整个围栏没有阴角和阳角。测量放线，根据装饰深化图纸弹出中心轴线，依中心点弹出挑空造形的方正线，并将方正线反射到大堂顶面。大堂造型曲面全部采用三

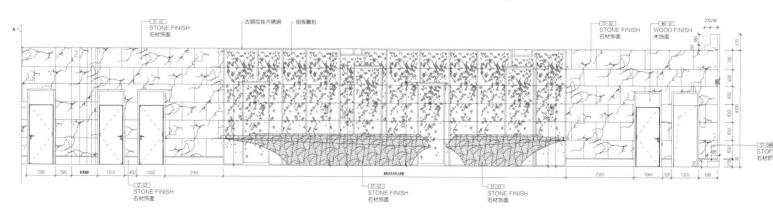

大堂立面图

维扫描技术，在电脑中建模，现场根据建模数据和尺寸进行放线、基层制作。

骨 架 制 作   观景围墙的骨架采用 40mm×40mm 方管制作，钢架依据电脑建模的数据做出曲面造型，方便面层材料的安装，同样还要符合设计的曲面弧度要求。钢架横向共分四档，间距 400mm，与整个观景围栏造型连通；竖向钢架间距 1200mm，与观景围栏的平面相连接，这样就形成了钢架连接的完整性，增加了安全和牢固性。

观景围栏的
立 面 装 饰   原观景围栏立面材料是石膏板加木基层板。考虑到石膏板运用在大理石造型曲面中容易开裂变形，经设计沟通改成 GRG 材料，价格虽略微贵了点，但减少了维修人工成果，更加强了外饰面的美观效果。钢架完成后对照图纸进行曲面圆弧复制，所有圆弧的凹凸形态符合要求后开始下道工序。

基 层 安 装   基层板根据圆弧尺寸进行裁切，在较小的圆弧面和较深的圆弧中利用基层板的韧性，在基层板的背面进行 2mm 的开缝，以利于基层板的弯曲。基层板安装由于造型曲面较多，固定螺钉间距不大于 150mm，以防止基层板回弹；固定螺钉切入基层板 2mm，全部基层板完成后制作不锈钢腰线基层木条。

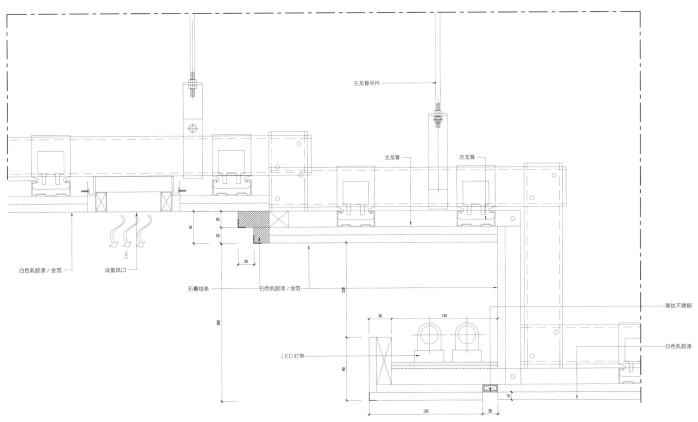

电梯厅吊顶灯带节点图

面层 GRG 安装	面层 GRG 材料在基层板完成后进行现场放样下单。GRG 作为高强度、抗冲击、柔韧性好的产品，在不规则圆弧的装饰效果中尤为突出，现场安装加工性能好，安装便捷，可以灵活进行大面积无缝密拼，特别是在弧形、转角等细微之处可形成完整造型。
	每块 GRG 板预埋 6 个预埋体为挂点，每块 GRG 板单独定位安装，安装时用红外水准仪调节平整和水平，接缝处用 GRG 粉填平，干燥后进行打磨处理。GRG 的安装挂点上用 AB 胶粘结，板与基层板用发泡粘结。全部 GRG 面板安装完成后对面层进行修补打磨，待不锈钢装饰腰线安装完成后涂刷面漆。
古铜色不锈钢安装	四层不锈钢腰线采用分段方式来安装。安装前依据放样加工编号逐条安装，每个位置的曲面安装从上往下横向安装。待所有段面安装后，剩余空缺的部分进行现场测量后再加工并进行收头安装，确保四条腰线的完整性，保证圆弧的一致。不锈钢的拼接采用密拼处理，焊点都设在阴角部位，接缝不允许有高低差，安装完成后进行成品保护和后续马来漆施工。

大堂顶面部分施工

测量放线	根据图纸造型尺寸和圆弧形状放线。先弹出吊顶完成面线，再弹出吊筋线，同时将吊顶内的设备及管道位置进行定位弹线。吊筋与设备和管道有冲突的进行避让，必要时适当增加吊筋，吊筋间距不大于 1000mm，吊筋采用 ϕ8mm 的镀锌螺纹钢筋。
龙骨安装	主龙骨间距为 1000mm，主龙骨采用与之配套的龙骨吊件与吊筋连接，然后安装边龙骨。边龙骨安装时采用 ϕ6mm 膨胀螺钉固定在墙上，膨胀螺钉固定间距 300mm 左右，副龙骨间距为 300mm；对有检修口和出风口位置的龙骨进行加固处理，龙骨必须与设备断开，以防止设备的震动产生响声。龙骨全部安装完成后进行水平调整，吊顶水平度偏差不大于 2mm，大面积龙骨吊顶中间根据设计要求起拱，起拱尺寸按照 1/200 设置。
安装纸面石膏板	纸面石膏板与轻钢龙骨固定方式采用自攻螺钉固定，固定间距为 150~170mm，并与板面垂直，钉头嵌入石膏板深 0.5m 为宜。双层石膏板封完后，根据已做好的圆弧模型，在顶面画出圆弧的形状，然后把加工好的圆弧板安装在画好的圆弧形状内。圆弧形不规则的边口用曲线机进行修饰，保证圆弧符合设计要求。吊顶面的凹槽用开槽机靠在圆弧模型边进行开槽，槽口深 10mm，宽 30mm。

客房

主要材料构成：木饰面、硬包、艺术喷绘、不锈钢、石材、电控艺术玻璃。

设计：铂尔曼酒店的客房以海为主题，配以地域景观特色。设计师将时尚元素融进客房设计中，改变了高档酒店一成不变的固定模式，更加符合这个黄金海岸地段的定位，与周边的时尚奢侈品牌相得益彰。

设计师的灵感源于迪拜酒店的条纹元素，并将其转化为客房设计的一部分，用艺术感的条纹和地毯装点空间，既与商务人身份与要求契合，又与时尚不谋而合，更带给海景房一丝新鲜。同时设计师也没有忽略高档海景酒店客房所需具备的功能，而是将其功能与美观完美地结合在一起。

善于运用颜色的设计师在不同的客房中无规则地运用了 5 种不同的主题颜色：深蓝色、淡蓝色、金色、黄色、灰色，设计初衷是带给客人不同以往的感受。当客人到达酒店时，酒店可以根据客人不同以往的感受、客人的喜好和当时的心情来提供相应颜色的客房，也为客人的再次入住做出铺垫。细节上设计师也相当讲究，更是不遗余力地展现其追求完美品质的特点。浴室选用意大利进口木纹石材，复古感觉的木地板，双开门衣柜的皮质小拉手，木饰面上优雅的法式复古线条，放大空间感的镜子，让人感觉如同身处奢侈品店购物试衣。最让人感到惊讶的是每个客房中都放置了一台高倍望远镜，客人能随意观望大海上的帆船和远处的海景。当劳累了一天的客人回到酒店客房时，可以在独立浴缸中舒适地泡一个热水浴，可以一边泡浴一边品尝美酒，还可以眺望海天一色的美景。

色彩主题客房

独立海景沐浴区

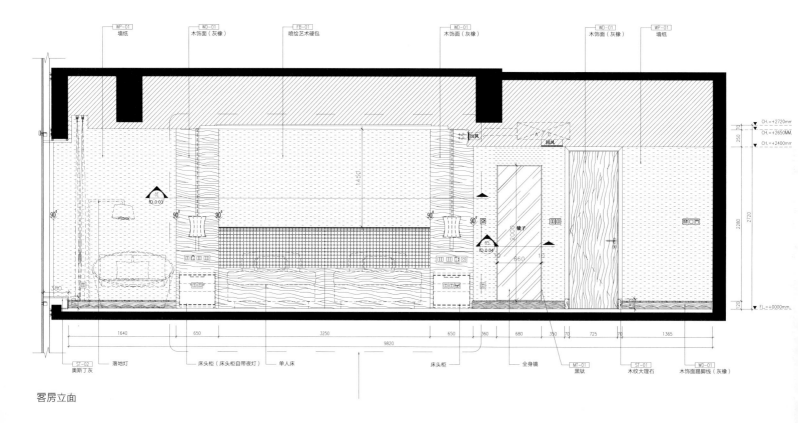

客房立面

技术特点、难点分析

客房施工工艺

客房的施工难点主要是顶面的涂料如何防止泛碱。海上空气湿度较大，且海边空气带有较大碱性，因此在海边施工中如何防止泛碱是一大难题。技术人员经过多次试验，反复征询同行意见后，决定全部采用防碱腻子施作，涂料采用进口防霉防潮涂料，在木饰面制品上喷涂纳米涂层加以保护，以阻止碱性气体的腐蚀。

不锈钢蚀刻工艺

客房使用不锈钢蚀刻板来做装饰背景墙。不锈钢蚀刻是一种新工艺，能将各种图案反映在不锈钢钢板上，蚀刻不锈钢表面经化学腐蚀后出现凹凸立体感极强的装饰图案。首先根据设计的装饰图案进行制版，再在不锈钢板的表面进行感光成像，烘干后进行化学腐蚀，待腐蚀到一定深度后，清洗掉腐蚀液，再进行烘干。最后对不锈钢板进行涂膜处理、镀钛处理，衬托图案，增加美感。

不锈钢钢板化学蚀刻的工艺流程：预蚀刻、蚀刻、水洗、浸酸、水洗、去抗蚀膜、水洗、干燥、镀钛。

客房

客房卫生间

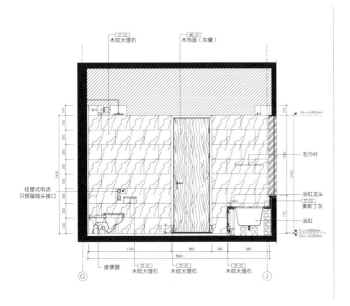
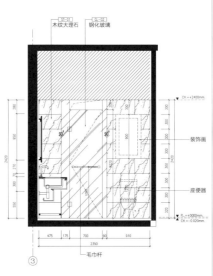
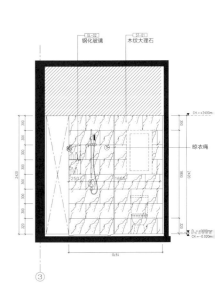

客房卫生间立面图

制作工艺过程中，原材料表面清洁非常重要，但在实际中往往会被忽视。明显的油污、氧化、斑迹、指印等，人们会去除，可是不太显眼、肉眼不能一下看出的地方就很容易被忽视，但就是这点微不足道的疏忽，却会严重影响加工过程和成品率，造成蚀刻完成后无法修补。另外，不锈钢板表面要镀一层钛合金膜，先进行镀钛会妨碍蚀刻，要在蚀刻工序结束后再去镀钛合金膜，方法是用含有氟化物的"去钛水"去除。不锈钢蚀刻的关键之一就是需要可靠的耐蚀保护层，这种保护层既要制作出精美的图文，又要能牢固地粘附在金属表面，经受得起蚀刻剂的侵蚀。

木饰面施工工艺

木饰面在现场量好尺寸，家具厂进行成品木饰面加工。现场安装采用挂式安装，对墙面基层平整度要求较高。在基层施工时对平整度加强管控，安装木饰面前对墙面基层进行验收，符合要求后开始安装成品木饰面。

木挂件的厚度一般为 15mm，长度视板面幅度而定，材料为优质多层板，按照正反方向吻合加工成 45° 或 L 形挂口。

根据木饰面版面幅度，首先在基层上对挂件位置进行放线。放线要求每块木饰面的一组对应边必须与基层框架的一条木方重合，每块木饰面的另一组对应边必须为安放挂件位置，即基层木方、挂件、木饰面边三者要重合，挂件之间的档距不应大于400mm。

基层挂件用长 30mm 以上的木螺钉固定在基层上，挂件与基层接触面涂刷适量白乳胶以增加牢固度。饰面挂件用长度为（挂件厚度＋木饰面厚度）X2/3 的直枪钉，根据档位精确地固定在木饰面的反面。挂件与木饰面反面的接触面涂刷适量白乳胶以增加牢固度。基层挂件与饰面挂件要求挂合后能吻合良好，安装后的木饰面不能松动和滑移。安装位置、外观形状应符合设计要求，面板各拼接缝和工艺槽的位置应符合设计要求，面板与周围各装饰面层的对应、衔接应符合整体设计要求。木饰面板正面不得用枪钉、铁钉和木螺钉，侧面固定时枪钉不得钉穿木饰面。安装完成后板面应清洁、干净，各面板间无明显色差。按设计要求开出强弱电控制开关孔位及其他相关预留孔位，直接暴露于外的端面应做饰面油漆封闭处理。

宴会厅

主要材料构成：蚀刻不锈钢、木饰面、硬包、银箔、艺术玻璃。

中餐厅

西餐厅

设计：酒店宴会厅位于二楼，面积近 900m²，层高 6.5m。设计风格为海洋风，吊顶采用分格分块造型，中间设计成四个大型正方形吊顶，两边设计成对称八个长方形吊顶。设计师用方形来寓意建筑体的灵魂，配以环形水晶灯，增加了空间美感，灯光反射在吊顶面的银箔上，更显宴会厅的金碧辉煌。在蓝色地毯的衬托下，整个宴会厅尽显海洋风时尚，当落地窗帘徐徐打开时，广阔无垠的大海尽在眼前，海天相连的天际线若隐若现；当暖暖的阳光洒在海面时，原本蔚蓝的海面也变得金光闪闪。

技术特点、难点分析

宴会厅的顶面采用银箔做成仿金色，这是宴会厅施工中的难点。12 个大型方块吊顶总面积有 620m²，做银箔对基底的要求非常高，而且业主和设计师没有选用金箔，而是采用银箔来做成淡金色的风格，这样看上去与海洋蓝的风格比较配。但在银箔上做金色的难度比较大，做得不好就会产生色差，且会损坏银箔。经过多次试验，采用水性漆来做金。如果采用硝基漆和聚酯漆光泽度太高且油漆的起始厚度太厚，时间久了易造成起皮脱落。采用透明水性漆的优点是水性漆的光泽度等符合银箔做金色的要求，水性漆的基底较薄，附着力强不容易粘连基底材料，且在灯光下银箔的纹理较清晰。

宴会厅的硬包面积较大，墙面高度 5.6m，用三块造型来分隔，2 块 2200mm×1200mm，一块 1200mm×1200mm。大板面硬包制作起来容易起拱、变形弯曲。经过试验，采用硬度高的九厘板来制作，在基层板上满刷白胶，待白胶快干时，把硬包布用卷材的形式从一侧向另一侧铺贴，铺贴时用电熨斗调到 80°的温度，轻轻推压，让硬包布服帖地粘贴在基层板上。硬包布的折边用高温熨烫，然后折边部分用马钉进行固定，马钉固定间距 50mm。

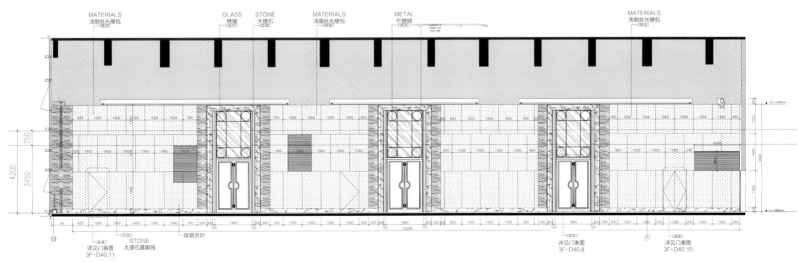

宴会厅立面图

宴会厅施工工艺

硬包施工工艺

先对基层进行处理，在结构墙上抹水泥砂浆找平，完成后检查是否有空鼓现象。

基层骨架使用 L30 副龙骨，基层板采用 9mm 多层板。竖向龙骨间距 300mm，固定铁片间距 500mm。

按图与相邻饰面进行排版分割。宴会厅层高较大，做到纵横向通缝、板块均等，同时检查电线盒及设备与硬包板块位置，取居中位置进行弹线，把实际尺寸与造型弹到墙面上。

根据现场实际尺寸计算硬包使用的板材及面料尺寸，使用高密度板按尺寸下料，完成后进行硬包制作。

硬包制作根据排版图现场进行安装，安装板缝对齐，板背面点状打胶，胶点间距为 300mm，硬包板边口打枪钉，钉眼不得有外露。

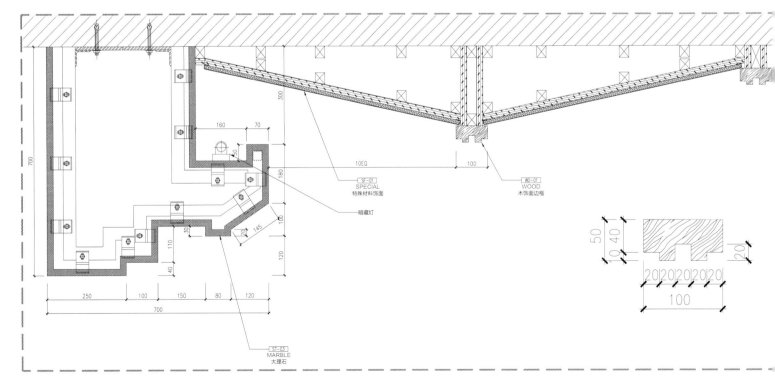

宴会厅节点图

银箔施工工艺

首先表面必须是光滑的油漆底层；被贴表面无灰尘且基底无颗粒。

使用专用胶水喷涂在金箔基层上，表面要喷涂均匀，用专用胶水代替生漆的目的是便于施工，也可以充分表现银箔之美。

在胶水似干非干状态（大约 1.5h 左右）时贴银箔。胶水太潮，银箔贴后表面无光泽；胶水太干，操作会出现银箔脱落、起皮现象。把银箔的衬纸打开，一面贴在物体表面，手法要轻，一只手拿毛刷在银箔衬纸后轻轻涂刷，银箔就粘在物体表面上了。这样一张接一张贴上去，然后用干净抹布轻轻拍打已经贴上去的银箔，银箔会很服帖地和物体结合，就像镀上去一样。用柔软的羊毛笔刷来回清扫。

等待 5 ~ 6h 后，喷涂调色的硝基漆饰面。分两次操作：第一遍喷涂量需较少，待干后进行第二次喷涂；第二遍喷涂量比第一遍略多，干后即呈现出银箔做金的感觉。

空中海景花园

主要材料构成： 石材、防腐地板、亚克力、马赛克。

设计： 空中花园位于酒店裙房的 5 层屋顶，总面积 850m²。花园设有观景休息平台，亚克力柱造型灯光区，标准游泳池。整个空中海景花园面对着大海，普陀山隔海依稀可见。如此大的空中海景花园在高档酒店中并不多见。

设计师在设计主体结构时就采用了曲面加流线型的风格。眺望海天相接处，天际线若隐若现。当暖暖的阳光洒在空中花园时，泳池的水与海水浑然一色，伴随着海风、海浪，人们悠然地在空中花园烧烤区享受着海鲜的美味，一旁的亚克力灯光区，人们弹唱着流行歌曲，开阔的休闲区可以供客人尽情跳舞。

空中海景花园的地板采用 50mm 厚的天然防腐木来铺装，厚实的防腐木地板经得起时间的考验和海风的洗礼。花园露天泳池采用蓝色拼花陶瓷锦砖铺贴，中间拼花采用天然贝壳陶瓷锦砖，在阳光的照射下，随着水波闪闪发光。泳池采用外循环方式进行水处理，保证水的清洁和环保。

宴会厅节点图

技术特点、难点分析

空中海景花园施工工艺

1）防腐木地板施工工艺

① 测量放线。按照图纸铺装尺寸弹出架空导墙位置线，然后将屋面排水沟做引导和连通，确保下水通畅。

② 架空导墙采用制模浇筑钢筋混凝土，导墙高度 200mm，宽度 200mm，长度依据现场实际尺寸制作。钢筋采用 8mm×15mm。

③ 防腐木地板龙骨铺在导墙上，采用 8mm 膨胀螺钉固定，固定完成后涂刷防锈漆，固定间距 400mm。

④ 面层防腐木地板铺贴时板与板之间留缝 8mm，采用不锈钢自攻螺钉固定，间距控制在 200mm，平整度控制在 3mm 以内。

⑤ 防腐木地板做油漆，油漆采用木质清漆刷涂，共涂刷三遍，第一遍涂刷需饱满且要满刷。第二、第三遍作为保护和上色。

2）陶瓷锦砖施工工艺

混凝土基层面处　　理	舟山铂尔曼酒店泳池为混凝土整浇墙面，对光滑表面基层，应先打毛，并用钢丝刷满刷一遍，再淋水湿润。对表面很光滑的基层应进行"毛化处理"。基层抹底子灰，吊垂直、找规矩，贴灰饼、冲筋。吊垂直、找规矩时，应与墙面的窗台、腰线、阳角立边等部位砖块贴面（排列方法、对称性）以及室内地面块料铺贴（方正）等综合考虑，力求整体完美。将基层浇水湿润（混凝土基层尚应用水灰比为 0.5、内掺 108 胶的素水泥浆均匀涂刷），分层分遍用水泥砂浆抹底子灰，第一层为 5mm 厚，均匀抹压密实。待第一层干至七八成后即可抹第二层，厚度约为 8～10mm，直至与冲筋大致相平，再用抹子搓毛、压实、划成麻面；底子灰抹完后淋水养护。
泳池防水施工	泳池防水采用高分子涂膜防水施作。施工时先涂刷墙面，然后从泳池的低处往高处涂刷，防水材料涂刷不得出现漏刷、流坠、堆

积等情况。全部防水完成 48h 后进行蓄水试验，蓄水试验应进行 7d，蓄水采用满池水至泳池边，保持整体的水位压力对蓄水有好处。蓄水完，检查不漏水后进行防水保护层粉刷。

泳池立面找平　测量放线，弹出泳池完成面方正线，依据完成面方正线做灰饼垫块。然后进行粉刷，厚的地方需进行多次粉刷，不能一次粉刷太厚，粉刷完成以后做拉毛处理，隔天洒水养护。等粉刷层干透后才能铺贴陶瓷锦砖。

陶瓷锦砖铺贴施工　对照铺贴陶瓷锦砖花纹图案。在地面弹出中心轴线，依中心轴线确定主花纹图案的中心点，然后依中心点弹出 1000mm×1000mm 见方的分割线，铺贴时从中心点开始纵向往两边铺贴。

陶瓷锦砖铺贴时，首先找出拼花图案的陶瓷锦砖，把拼花图案的陶瓷锦砖铺在地上进行排列，铺贴时从完整的陶瓷锦砖拼花图案中依次一块一块开始，每一块陶瓷锦砖铺贴时都需要检查陶瓷锦砖有无缺损。陶瓷锦砖刮浆采用白水泥加胶水，白水泥和胶水应充分搅拌，应把白水泥的凝性搅拌出来为止。刮浆时把陶瓷锦砖平铺在板上，将白水泥浆满刮在陶瓷锦砖背面，白水泥浆应刮满每条陶瓷锦砖的隙内，陶瓷锦砖的刮浆厚度不大于 4mm。铺贴时以已弹好的方正线的对角为起始点开始，陶瓷锦砖铺贴在地面后应用木模轻轻压实，将白水泥浆液压出为止。铺贴时保持陶瓷锦砖的平整度是关键，平整度控制在 3mm 以内。陶瓷锦砖的起始点铺贴完以后，就可以向前后左右同时展开铺贴。铺贴过程中随时用木模对陶瓷锦砖进行拍压，使陶瓷锦砖紧密压实。

陶瓷锦砖铺贴要求

铺贴时用四台红外线水平仪控制平整度，要求横向平整度控制在 2mm 以内。
纵向坡度依泳池结构坡度铺贴，坡度误差不大于 3mm。
陶瓷锦砖的接缝误差不大于 1mm，且纵横向缝保持顺直，不得弯曲。
铺贴完的陶瓷锦砖接缝内白水泥浆饱满，不得有凹凸不平的现象。陶瓷锦砖不得有缺损。
陶瓷锦砖直角拼接的缝隙不得大于 5mm。
陶瓷锦砖铺贴完第二天应洒水养护，7d 后可以开放使用。

北京新浪大厦
装修工程

项目地点

北京市海淀区后厂村路 68 号（中关村软件园二期）

工程规模

新浪大厦位于北京中关村软件园南侧，北侧园区规划道路紧邻百度总部和网易办公楼，西面为腾讯办公楼。新浪大厦占地面积近 3 万 m²，总建筑面积 131795.17m²，建筑高度 27.9m。整栋大楼地上 6 层，地下 3 层。地上建筑面积 76540 m²，地下建筑面积 55255m²，精装修面积约 11 万 m²，精装修造价 1.2 亿元。

新浪大厦包含总裁区、开敞办公区域、会议室、集中会议室、演播厅、图书馆、员工之家休闲娱乐区、餐厅及地下停车场等

建设单位

新浪网技术（中国）有限公司

设计单位

凯达环球建筑设计咨询（北京）有限公司上海分公司

室内施工单位

上海全筑建筑装饰集团股份有限公司

开竣工时间

2014 年 5 月 1 日 ~ 2016 年 5 月 9 日

获奖情况

获得美国 LEED 铂金级认证，2015 年 MIPIM ASIA 大奖 - 最佳中国未来建设项目银奖，2016 年中国办公楼建筑优异奖，长城杯金奖等

社会评价及使用效果

新浪大厦"被誉为中国最美、时尚、现代化及最具绿色、环保办公大楼"，"真正的绿色节能大楼"等美誉。新浪大厦的"新浪之眼"一经开放"曝光"后迅速在各大网络媒体中"爆红"，吸引了来自世界各地无数网友的目光。很多的网友和微博用户纷纷留下评论道："这才是给人们知识享受的摇篮，社会信息的集散地。"同样许多网友对新浪大厦的内部结构赞叹不已，认为其美得令人窒息。

北京新浪大厦外观

设计特点

新浪大厦是一栋网络媒体型的办公大楼，大楼能容纳 1700 多人办公，具备国际一流的数字媒体编辑、收集、整理及发布的功能，多媒体的网络传输能力是大楼的核心部分。整栋 6 层的办公楼覆盖了休闲娱乐设施、餐饮及网上购物体验区，尽显人性化设计的完美。

新浪大厦的设计风格简洁现代，力求通过简单的表现形式传递新浪和新浪微博的企业文化。大楼不仅外观赏心悦目，极富流线感的设计更能为置身其中的新浪员工提供兼具开放性、创新力、舒适度的办公环境。

新浪企业文化以人为本，整栋大厦除了办公必要的工作间、电视演播室及研发设施外，还配备了一系列员工设施，设有健身中心、淋浴室、图书馆、员工餐厅、自助茶水间、诊所以及母婴室，满足员工的不同需求。

新浪大厦设计以"无限"为概念，借喻通过媒体技术和信息流通的进步开辟了互联网世界的无限机会。大楼设计以符号"∞"来展现"无限"的设计概念，体现了人对网络无限畅想的设计理念。建筑规划利用模块化方法来确保灵活性，可根据实际需求作出空间调整。

绿色、环保、可持续是新浪大厦在初始设计时定下的最高设计要求，目标是将建筑发展成为一个绿色和方便用户使用的总部大楼。大楼座向最佳化，充分利用太阳热能，并将太阳对不同外立面的直射降到最低，同时又将自然通风最大化。特别是自然采光在大堂及办公区域向周边位置延伸可以减少人工照明的用量，天窗的设计能照亮顶层的走廊。

新浪大厦深度体现了绿色低碳和节能环保的设计主张。国内领先的一体化绿色低碳集成服务商为大楼量身定制，$PM_{2.5}$ 过滤和 CO_2 传感器联动新风系统，配备空气过滤、紫外线消毒、风量自动调节等功能，共同践行一体化绿色环保科技集成理念，取得了人工管理无法达到的科学环保效果。

此外，新浪大厦还建有雨水回收系统和太阳能热水系统，极大地提高了资源的利用率。双层低辐射玻璃幕墙配搭百叶设计，兼顾了环保和节能的需求，可有效减少太阳光对室内的直射，降低室内空调能耗。

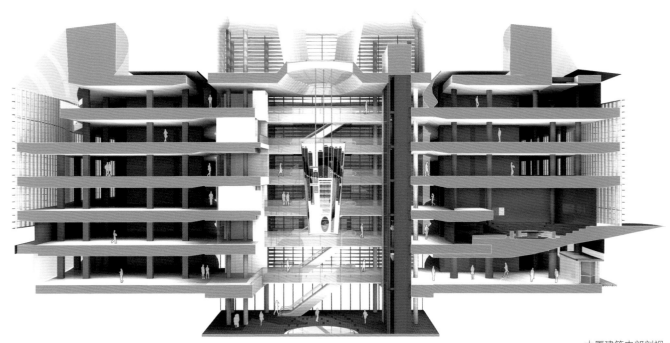

大厦建筑内部剖视

北京新浪大厦侧面

地下一层餐厅外下沉式庭院

功能空间

主楼大堂

主要材料构成：丝网印膜亮银铝板、石材、木饰面、艺术玻璃、不锈钢。

设计：大楼北侧的入口大堂，是整栋大楼的灵魂中心，设计上挑空处理，在空间顶面镶嵌无数的新颖 LED 灯，折射的光影犹如地面放着一面硕大的镜子，充分体现了光感美学。大堂的空间装饰色调以素色为主，整个空间给人以清新明亮的感觉，仿佛把人带入一种朝气蓬勃的境地。进入大堂空间，延伸至"新浪之眼"的主中庭，作为主要垂直交通中心，连接各个功能区域。会议中心及企业展厅位于入口大厅的后半部分，一楼的西侧分别设有员工健身中心、休闲中心、图书馆及超市，一楼的东侧是接待洽谈区和流媒体编辑区。

大堂的吊顶采用网纹亮银铝板弧形设计，圆弧灯槽用灯膜替代，分隔吊顶的不同区域，完美地体现了动静合一。大堂的立柱采用铝板全包裹设计，与顶面的铝板浑然一体。地面采用浅色系石材并用白色石材进行分隔铺贴，利用色彩变化营造层次感。服务接待台位于大堂进门区的中间位置，接待台选用白色人造石包裹，下口用装饰灯带点缀，东西侧墙面用木饰面和烤漆玻璃装饰，中间镶嵌亮银不锈钢条，风格清新明亮。整个大堂的设计运用了直线和弧线表达，直线代表网络的通畅和连接，弧线代表年轻的思维，二线相交寓意时尚的潮流和前进的方向。

技术特点与难点分析

新浪大厦的大堂位于整个大楼的核心位置，是通往整个大楼的交通枢纽中心。大堂面积 1100m²。整个吊顶采用的是亮银铝板，其中还有圆弧形和不规则的造型，这是吊顶的一大特点，且吊顶铝板与立柱的衔接全部采用密拼。铝板单块面积较大，容易造成衔接不平整，每块板材安装后会呈现出波浪状，如何处理这一情况是施工

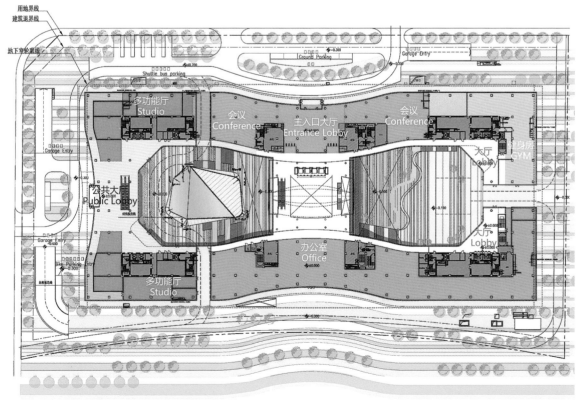

新浪大厦平面图

的难点。经技术人员和设计师多次反复研究，决定采用以下方法解决：一是铝板的背面增加 N 形蜂窝形状连接；二是镶嵌铝合金凹槽条来作背筋加固。异型圆弧铝板采用蜂窝板作加工，规则铝板采用铝合金凹槽条作背筋加工，确保铝板有足够的强度和稳定性，在碰撞情况下也不发生铝板坠落、变形等问题。

施工工艺

测 量 放 线　　运用电脑结合三维扫描技术，对大堂的空间位置进行多维度扫描，并把扫描数据录入电脑中与原结构图纸进行比对，找出误差部分进行调整，然后将扫描数据与设计图纸进行二次深化设计。

弹　　　线　　根据图纸弹好吊顶的水平标高线、龙骨位置线和吊杆悬挂点，把龙骨和吊杆位置线弹到原结构楼板上。

安 装 吊 杆　　根据设计要求选用膨胀螺栓来固定吊杆。
吊杆与连接件的连接要牢固，连接件吊杆与主龙骨的连接按设计规定。

新浪大厦正门外立面

新浪大厦入口大堂

安 装 龙 骨　　龙骨从大堂的东侧往西开始安装，在大堂门口圆弧区域低跨部分先安装高跨部分，有上人龙骨的先安装上人龙骨，后安装一级龙骨；对于检修口、照明灯、喷淋头、通风管等部位，在安装龙骨的同时，将尺寸及部位留出，在口的四周加设封边横撑龙骨，检修口的主龙骨增加吊杆。

安装铝合金面板　　在安装面板前，对龙骨的平整度进行调整，封板前对吊顶内的通风、水电管道进行检查，确认安装是否牢固，灯槽位置应增加斜撑等进行加固。设备调试合格后开始安装封板，封板时先安装规格板，后安装异形板，中间部位的铝板必要时进行加固。

主 控 项 目　　吊顶的平整度不大于 2mm，接缝高低差不超过 1mm，待完工后才能清除保护膜。

铝柱板安装　钢架制作，依照图纸在结构柱上弹出铝板的分隔线，钢架根据圆形模板进行放样焊接。圆弧钢架采用 50mm×50mm 角钢制作，竖向方管采用 40mm×40mm 方管制作，方管两侧依铝板尺寸开挂钩槽，铝板安装施工前将钢结构埋件位置防火泥凿除，施工完后以防火泥补平，安装铝板时使用红外水准仪调整垂直度，立柱铝板安装完成后必须进行成品保护。

新浪之眼

主要材料构成：钢管、LED 屏、不锈钢。

设计："新浪之眼"最初的构思就被融入了创意设计，在规划结构设计时就被放在重要位置。"新浪之眼"的创意给人一种无限遐想，无论你在哪个角度都能看到新浪之眼。"新浪之眼"位于整座大楼的几何中心位置，这一中庭空间作为主要的垂直交通枢纽，通往大楼的各个空间部位。"新浪之眼"设计大型圆锥形曲面 LED 屏幕，即时传递着新浪网和新浪微博上的最新信息，成为大楼最吸引人的看点之一。"新浪之眼"下方是圆形水景，水景中的倒影与"新浪之眼"鱼水呼应，极富意境地浓缩在有限的空间之中。垂直动线及办公核心位置能与建筑的四角及中央枢纽和中庭相连。内部动线模仿无限符号，建筑对角的通行时间不超过两分钟，大楼内的人员能迅速从建筑一端通达另一端。推演过程严格遵循设计原则，建筑形态经过挤压、揉搓、捏合，得以形成入口、阳台、特殊的双层挑高工作区以及天窗。

大楼结合 2 个内庭空间呈现出经典的围合庭院式，这源自中国传统建筑庭院的格局，充分体现了"合"和"围"的无限境界。大楼依照自然采光的原理并根据季风的特点，又充分利用了结构设计的对流风，打造更为舒适的办公空间，且与环保绿色的理念吻合。

新浪之眼 LED 透明屏，顶端直径 6m，底部直径 4m，整屏高约 12m，展示面积 188m^2，像素点共计约 300 万颗，播放视频时图像清晰壮观，是目前全球范围内大型的室内异形透明屏。"新浪之眼"透明的异形显示屏是设计美学与现代技术的完美融合，炫丽转动的电子屏象征着现代科技的飞速进步，展现着尖端科技带来的精工之美。超大的 LED 透明屏高高悬挂在新浪大楼的核心大厅中央，采用钢索吊装方式，依穹顶自上而下，呈倒圆台状，悬吊于大厅的主体空间内。全球独一无二的异形设计，让"新浪之眼"不仅寓意丰富，而且与通透的穹顶、底部圆形水潭景观、方正的立体空间相互融合，相互关联，让人感受其无尽魅力。

新浪之眼

新浪之眼（仰视）

技术特点与难点分析

"新浪之眼"是一个超大型的悬挂装饰品。底层两侧通道与外界连接，外界风力会让悬吊于中央的"新浪之眼"产生晃动。"新浪之眼"毕竟是一个大型的物品，如果显示屏开机还有少许晃动会让人产生眩晕的感觉，所以确保"新浪之眼"的稳定性是安装的一个关键节点，也是整个"新浪之眼"工程的最大难点。

"新浪之眼"的特点就是"体格"比较大，在室内空间装饰中是不多见的，只能运用电脑及三维扫描技术分两步实施。第一，在做结构穹顶钢梁时就把"新浪之眼"悬吊预埋挂件与钢梁焊接完成，预埋挂件严格按照图纸尺寸进行施工，悬吊点位要求精确无误。第二，依据图纸和结合现场已预埋挂件的点位尺寸，

新浪之眼（俯视）

新浪之眼（近景）

在现场外制作加工"新浪之眼"透视屏的钢骨架，钢骨架成型后即在土建结构底层闭合前运送到现场进行组合吊装固定工作。

施工工艺

材料下单加工。"新浪之眼"透视屏是一个倒圆锥体形，上部大下部小，LED发光板采用曲面设计，每一块的大小均不相同，全部经过现场精确放样才能制作加工。每一个发光点的间距均匀排列，不允许有偏差，确保成像效果。

利用全站仪、红外激光水准仪和三维扫描仪进行精确定位放样，把全部数据录入电脑，采用电脑建模的方法进行每一块、每一层 LED 发光板的排列，精确到 0.5mm 以内，让厂方现场复核后开始加工。

第一，安装"新浪之眼"钢骨架。钢骨架的安装采用现场拼接整体吊装，吊装前做好安装准备工作。钢骨架全部是在专业厂家定制加工，从外骨架和内部连接骨架到其他辅配件均是配套成型产品，方便安装、拆卸及检修、保养。骨架偏差不得大于 2mm，骨架外表面不得有可见的孔洞及紧固螺钉，骨架每一圈的圆弧误差不大于 1mm。

第二，钢骨架吊装。吊装采用两台 20t 的汽车吊同时进行，吊装时采用全站仪进行定位，吊装高度一致时用三维扫描仪再次确认空中悬吊的水平度，水平一致时才能以螺钉固定。吊装中随时调整固定螺钉的松紧度，待固定完成后进行斜撑加固。加固的设置严格按照图纸要求进行。

第三，钢骨架完成后的管线及 LED 屏安装施工。先开始内部穿线，所有强弱电线到位后进行 LED 单元板的安装。LED 单元板自下而上安装，安装时要求每块单元板的四块磁铁贴合在背条的中间位置，然后

新浪之眼局部

连接排线、固定上下电源线。电源与单元板接线需要注意正负极，控制卡与单元板排线连接必须顺向连接，安装时最重要的是严格按设计图纸等技术资料要求进行，在铺设线缆时需与钢架绝缘。

透明 LED 屏调试工作在所有线缆和单元板安装完成后进行，单元板的平整度不得大于 0.5mm 圆弧度，每块单元板的接缝必须严密顺直。通电亮屏检查是否存在像素点故障和单元板变形翘曲的情况，合格后进行成品保护并拆除施工脚手架。

总裁区

主要材料构成：木饰面、烤漆玻璃、不锈钢、石材、木地板、人造石。

设计：新浪大楼的总裁区位于大楼的顶层，整个顶层设计有总裁办公区和行政办公区及休息区，面积超过 4500m²。总裁区共设有 8 个总裁办公室，1 个大会议室和 3 个小型会议室、1 个圆形餐厅，另外还有 1 个大型的开放式休息区。

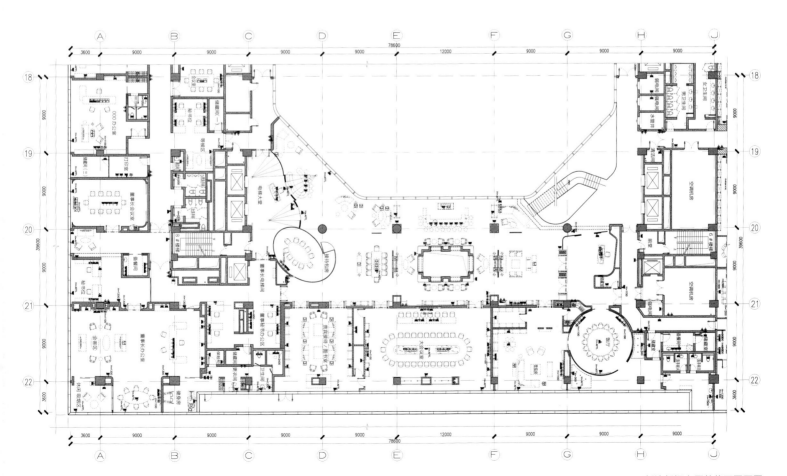

新浪新闻大厦总裁区平面图

总裁区本着个性化、专业化和与众不同的设计理念，从整个总裁办公区的空间布局和规划整体的设计元素着手，在设计的材料选择和色彩的搭配上尽可能贴合总裁区办公人员的喜好。总裁区的设计营造了安静的氛围。总裁作为企业的最高领导，要为企业制定战略决策，设计上力求宽敞明亮，从商务接待角度考虑也起到彰显企业形象和实力的作用。

总裁办公室的设计遵从便捷的布局，旁边没有会客室、会议室、秘书办公室等区域，无论商务洽谈还是日常工作，都能满足高效、便捷的办公需求，强化管理。

总裁区的办公室全部沿幕墙周边设计，设有办公室、会客区。每个办公室能从室内眺望室外的景色，办公室面积大小依照总裁和副总裁的职级来确定，每个办公室有独立的卫生间和更衣间。总裁办公区外面还设有单独的圆形餐厅、开放休息区，供总裁及高级管理人员使用。

总裁办公室采用双层中空电控玻璃进行隔断，电控玻璃电源开启后，只有在办公室里的人才能看得到外面（外面无法看到里面），增加私密性。开放休息区的设计遵循时尚、现代、简洁的理念，用不锈钢花格代替玻璃隔断，通透性极强。休息区设有水吧饮品区，供办公人员和来洽谈业务人员饮用。小型阅览区可以了解最新行业的资讯和企业简介等资料。吊顶采用石膏板加半曲面弧形设计，地面采用灰色条石材，办公室采用木质地板。

总裁区会议室

总裁休息区

总裁休息区

技术特点、难点分析

总裁办公室和休息区等都在大平层上进行分隔，大量的区块分隔是一大特点，如何精确分隔就需依据设计图纸结合现场实际尺寸进行深化设计。施工的难点主要在隔断钢架制作和电控玻璃的安装上面。由于金属钢架隔断造型独特，为不规则的弧形，其曲面形状以设计模数为基础。钢骨架的加工工艺较复杂，必须依靠电脑三维技术进行建模、放样。

施工工艺

测 量 放 线	根据控制线，分别测量出各总裁办公室的位置，再将办公室及各分功能区测量放线并做好标识，并将数据反馈给深化设计师。
3D 建模下单	采用电脑 3D 建模，结合现场实际尺寸，考虑各种伸缩缝及变形缝，整体放样，局部细化，考虑各个收口之间的平衡，考虑立面曲度及弧度的影响，进行材料下单，现场按照下单的尺寸留出安装尺寸。整体控制调节尺寸间隙在 5mm 以内。钢架槽在现场用 5mm 板进行弧形放样裁切，场外加工，现场安装。
吊顶龙骨安装	隔断钢架上部用 50mm×50mm 角钢与原始顶面固定，每两个角钢用斜撑进行加固，上部钢架完成后，依次进行吊筋和主龙骨施工。沿幕墙边的窗帘箱采用 18mm 木工板制作，用吊筋固定在侧板上，然后窗帘箱内侧封石膏板。办公室和外侧功能区的吊顶标高一致，所有隔断采用无窗帘设计，因此吊顶的一个水平面体现了设计的效果。
金属板安装	考虑到人性化功能，在金属板加工安装时，对金属的边缘做倒角处理。金属板倒角不能做直角，需带些弧度，收口才能圆润平滑。金属板与金属穿孔板之间采用 20mm×20mm 金属凹槽嵌入收口，不影响两个板面间的整体平整度，并给人带来舒适的手感及观感。板块调节时采用钩挂式螺栓进行三维调节固定，减小调平、矫正的难度，板块与板块之间的限位夹装置可以有效控制板块之间的缝隙。
铝 合 金 框 和 玻 璃 安 装	铝合金框安装根据建模下单编号依次进行，垂直度偏差不超过 1mm，框与框之间密拼安装。玻璃的安装采用上部进槽、下部插槽固定方式，下口垫 3mm 厚软性隔离垫片，每块电控玻璃安装后即接通电源线，待整个段面的玻璃安装后进行通电调试，合格后打胶固定。

The world will not take your
self-esteem, but for the
self-satisfaction before you have
success.
　　　　　　　　　Bill.Gates

员工之家休闲区

员工之家

主要材料构成：铝通、木饰面、石材、橡胶地板、不锈钢、人造石、艺术玻璃、橡木地板、波龙地毯。

设计：新浪大厦在规划初期就明确了企业员工之家的建设和设计方案。作为一家全球知名的互联网企业，员工之家的设计宗旨是提高人文关怀，打造超一流的员工休息娱乐区域，让员工在工作之余放松身心，增进不同岗位员工之间的交流和沟通。

员工之家设计有健身区、书吧、休闲区，其中健身区设有大型标准健身房，50m 双人循环室内跑道，迷你高尔夫球练习房、瑜伽房、乒乓球、书吧，设有图书馆、休闲阅览区，休闲区设有水吧饮品区、美容美发及理疗室，面积共 3700m^2。

员工之家的健身区和休闲区的设计风格采用简洁明亮色彩搭配，彰显年轻、朝气、活力，配以时尚的装饰材料，衬托与众不同的设计布局，能与专业的健身场馆媲美。书吧采用庄重沉稳的设计风格，顶面和书柜全部使用深色系木饰面，影视厅采用灰色系颜色搭配，局部浅色过渡，层次感分明，书吧和阅览区的灯光使用暖白色灯光投射，使阅览者的视觉舒缓自如。

新浪大楼员工之家设计以小清新风格为主。小清新风格的特点就是简洁、明亮，运用天然材料仿自然环境的小景观，从而塑造出空间的清新味道，如实木制作的书架、麻质的沙发坐垫、木纹的柱子、彩色的麻绳、绿植等。观赏之余对其材料的自然质感留下深刻的印象。有如在墙面上贴上树干的壁纸，增添空间的自然气息。休闲区中以白色的桌子、拐角沙发、单人软包凳、吊椅、布袋椅等

员工之家健身区

组合，员工可以在这小憩，也可以开办沙龙等活动。阅览区有白色的书架，轻质的椅子，
员工们可以从书架上取书来这里阅读；书架上的书分类摆放，员工可以取下书坐在
米白色的软包椅子上。整个书吧区休闲舒适，雅意十足，休息够了，可以来到健身
区活动筋骨，麻绳的屏风让人眼前一亮。

技术特点与难点分析

员工之家大开间是整个空间设计的特点。健身区结合运用了铝板吊顶和铝通吊顶，
铝通吊顶的开间通长有 18m，而铝通材料的长度是 6m，三根相接如何确保铝通材
料的直线度是一个难点。其次铝通中间有长形灯管，保持水平度和相互间距离一致，
这对吊顶系统来说是有一定难度的。

员工之家图书馆

员工之家健身区

施工工艺

**铝 通 方 管
安　　　装**　　测量弹线定位。根据设计图纸，结合结构开间具体情况，将龙骨及吊点位置弹到楼板顶面上。吊顶造型位置先弹出吊顶对称轴线。龙骨及吊顶点布置、龙骨和吊杆的间距、主龙骨的间距是影响吊顶高度的重要因素。吊筋、龙骨间距控制在 1m 以内，弹线应清晰，位置准确。

吊 顶 标 高　　吊顶标高必须控制在一个小平面上。施工时在吊顶完成的高度用红外水平仪进行监测，安装铝方通时扣进龙骨。龙骨是按设计要求的间距为标准定制的，安装时只需要把铝方通扣进龙骨相应的卡齿里。调整铝方通之间的间距时对龙骨上的卡齿进行调整。调整高度是对吊筋上的锁扣螺钉进行调整。铝方通间的距离，定加工 N 块统一间距的木板作为铝方通固定使用，固定完就取掉，这样能保证每根铝方桶的间距一致。

员工之家双人循环室内跑道

波龙地毯的 铺设工艺	新浪大楼员工之家健身房地面采用波龙地毯铺设。施工前对地面进行自流平施工，确保平整度控制在 2mm 以内。自流平地面在施工前对原地面进行清理，确保地面无大小凹坑等。自流平做完以后保养 7d 以上，方能上人行走。根据波龙地毯的尺寸进行弹线分格、套方，裁剪完以后进行刷胶，刷胶时应满刷，不能有漏边漏角的情况；门边和有地插位置的地方应多刷两遍胶，铺设时从一侧向另一侧铺贴，波龙毯拼缝处多刷一遍胶防止开裂起翘。所有异形位置的转角和搭接应铺贴压实，整条波龙毯铺贴后应张平，然后固定地毯，最后修理毛面。波龙毯铺设完成后应静置三天以上，开窗通风，不得上人行走。
室内塑胶 跑道施工	新浪大楼员工之家健身房的跑道采用进口复合型塑胶跑道，优点是无毒无异味、弹性强。施工前先对地面整修清理、找平、打磨，平整度不大于 2mm；先刷防水底油涂刷，增加基础与面层的黏结力。在铺设塑胶粒前先刷一层高性能黏结胶水，在黏结胶未固化前铺设塑胶材料，用专用摊铺机按设计厚度整平压实，以控制用量和厚度，不平处进行找平。
表面颗粒喷涂	将 PU 面漆混合橡胶颗粒用专用喷涂机均匀喷洒在橡胶基层上，一共需喷涂 2~3 次，尽量确保颗粒层平整均匀，以便跑道更加耐用。
划　　线	用白色面漆，依设计尺寸喷涂体育线，保证线宽一致，色泽均匀，无虚边出现。
书吧木饰面 书柜安装	新浪大楼员工之家书吧是员工的文化驿站。作为员工学习文化的补氧地，书吧共有 66 个大型书柜，藏书 3 万多册，每个书柜高 3.8m，宽 1.4m，书柜在厂里加工完到现场安装。书柜的安装要求在一个平面上，稳定性是关键。书柜安装前先在墙面弹线，依书柜的高度弹线后把每个书柜所在位置的分隔线也弹出，然后开始安装。将书柜整排安装排列到位后，从最里角的书柜开始安装固定，用红外水准仪调整书柜的垂直度和相邻书柜的平整度，然后依书柜最上面弹出的水平线安装固定铁片。固定铁片与墙和书柜用螺钉连接，待整面墙书柜排列和安装调整到位后把固定铁片螺钉拧紧，书柜之间的接缝在安装过程中随时调整，努力减小接缝宽度。书柜下部有松动和间隙可以小木片垫塞处理。

办公区

主要材料构成：穿孔铝板、铝方通、静电架空地板、人造石、地毯。

设计：新浪大楼二至五层设计为开放式办公区域，整体布局每层分为东西两个办公专属区，新浪大楼的办公区当初在设计初稿中就明确要设计成开放式办公区。开放式办公区没有墙壁、门扇，通透敞亮的空间给人轻松的感觉，增进工作上的沟通和交流。

办公区（开放式）整体设计以白色系列为主，吊顶采用穿孔铝板，出风口采用与穿孔铝板材料一体制作，沿电梯厅核心筒位置四周采用石膏板吊顶，局部造型采用凹槽灯带装饰，增加空间立体感。在办公区的小型接待洽谈区安装圆形吊顶灯槽，用以区分不同的功能区域，沿大楼幕墙四周设计窗帘箱，每层东西两个办公专属区各设有男女卫生间和茶水间，中间核心通道位置设有水吧台和休息区。

技术特点难点分析

新浪大楼办公区域采用大面积穿孔铝板吊顶和大面积静电架空地板设计，特点是整体美观性强，但施工要求高。吊顶的平整度和铝板吊顶与其他材质相接处收口处理是一个难点。设计的穿孔铝板尺寸是1200mm×600mm 规格，厚度 0.8mm，孔径 ϕ 3，穿孔率 15%，板材后面贴黑色滤网，防止铝板面积过大而下坠。经技术人员反复试验，最终决定在铝板背面加 T 形背筋作为铝板横撑，确保铝板的平整度，且不易变形。

施工工艺

吊顶穿孔铝板：测量放线，弹出水平线和完成面线，再弹出地面方正线，然后反弹到结构顶面上，最后弹出顶面吊筋点位。依次钻孔安装吊筋，吊筋安装完成后检查吊顶内管线等完成情况。设备应检验，试压验收合格后开始安装铝板。先进行样板段吊顶铝板安装，待样板段验收合格，再进行大面积吊顶安装作业。

开放式办公区

开放式办公区

大面积施工安装

沿完成面线安装沿边龙骨，安装完复测，偏差不得大于 1mm。

采用膨胀螺栓固定吊挂杆件，如吊杆长度大于 1000mm，增加反向支撑，以增加吊顶的稳定性。吊杆距主龙骨端部距离不得超过 300mm，超过 300mm 的要增加吊杆。灯具、风口及检修口等应设附加吊杆，大于 3kg 的重型灯具及其他设备严禁安装在吊顶工程的龙骨上，应另设吊挂件与结构连接。

主龙骨与吊杆用挂件连接，间距不大于 1200mm。主龙骨设计起拱高度为办公区开间短向跨度的1/500。主龙骨的接头应采用对接，相邻龙骨的对接接头要相互错开，主龙骨安装后调整直线度和水平度。

安装次龙骨。次龙骨采用 T 型龙骨，间距 600mm，用 T 形连接件把次龙骨固定在主龙骨上，次龙骨的两端应搭在 L 形沿边龙骨的水平翼缘上。在通风、水电等洞口周围应根据设计要求设附加龙骨，附加龙骨的连接件使用拉铆钉固定。灯具、风口及检修口等应附加吊杆和补强龙骨。

横撑龙骨安装。横撑龙骨与次龙骨型号一样，采用 T 形龙骨，间距 600mm。安装时将截取好的横撑龙骨的端头插入支托，扣在次龙骨上。组装好的次龙骨和横撑龙骨在一条线上。

面板安装。饰面铝板应在自由状态下嵌入固定，防止出现弯棱、凹鼓等现象。安装完调整时应用专用小吸盘进行移动和拆卸，不得用尖硬工具撬。

窗帘盒安装。窗帘盒采用 18mm 厚细木工板制作，窗帘盒宽度 200mm，长度尺寸按照吊顶排版图尺寸现场加工制作。采用吊筋和木板铝框固定。

表面铝板平整度偏差不大于 1mm，接缝高低差不大于 0.5mm，接缝直线不大于 1mm，吊顶四周水平偏差不大于 0.5mm。

架空静电地板安装

依照基准点进行测量放线，选择直角的两端作为基准线，然后根据基准线弹出架空静电地板的分隔线。

会议中心

VIP 接待餐厅

员工餐厅

观察房间的布局，安放好红外线水平仪，在四周墙面上打好半腰水平，然后找出房间的最低点和最高点，计算地面到板面的水平值，计算并调节好支架高度。

把选择好的直角顶端作为静电地板安装的出发点，并拉平行线，铺好第一块板，调整好高度，拧紧横梁与支架的固定螺钉，然后用水平尺调整平板，最后锁紧支架上的螺母。

第一块板调水平后，按平行线方向铺设好两排地板，板与板之间黑色胶边必须对齐、对直。垂直两排地板铺设完后，认准一个方向一排接一排铺设，直到最后排，四周一排需切割的留到最后铺。

静电地板收边在墙边或门框、柱子处。根据实际尺寸以电锯切割地板，与石材和地砖收边的位置用不锈钢条进行处理。

架空静电地板铺完后，须及时检查调整不平之处，发现松动部分须及时拧紧螺钉，最后墙边用硅胶填充收口。

上海中心观复博物馆装修工程

项目地点

上海市浦东新区陆家嘴环路 479 号上海中心大厦 37 层

工程规模

建筑面积 1800m²

建设单位

上海观复宝库资产管理有限公司

设计单位

同济大学建筑设计研究院（集团）有限公司

室内施工单位

上海全筑建筑装饰集团股份有限公司

开竣工日期

2014 年 7 月 30 日 ~2015 年 10 月 1 日

获奖情况

参评 2018 年度上海市"白玉兰"奖

社会评价及使用效果

观复博物馆是新中国第一家私立博物馆，创办人是央视《百家讲坛》主讲人马未都先生，创立于1997 年。上海中心观复博物馆创办于 2014 年，创办的目的是培养人们对历史文化的爱好，也是增强人们对不同时期的历史文物发展演变的了解和认识。观复博物馆的开馆赢得了社会大众的热烈反响，人们怀着对历史传承的爱好，参观后给予了高度的评价，对能在中国第一高楼中参观博物馆，感到无比的兴奋和好奇，无不称赞。观复博物馆是中国乃至全世界最高处的博物馆，不仅能给人们历史的回味和享受，又能让参观的人眺望上海的美景，使人们流连忘返，沉浸在对历史的回味之中，在短短半年的开放参观中，得到了广大参观者的好评和认可。

设计特点

上海观复博物馆位于浦东新区陆家嘴金融中心上海中心的 37 层，建筑面积 1800m²，观复博物馆共设有四个固定展厅，分别为瓷器馆、家具馆、金器馆、佛教馆，另外还有一个临时展厅。

设计主题：以中国深厚的文化为基石，打造高级的专业展览，环境典雅，注重人与历史的沟通，突出传统文化的亲和力。布展侧重开放形式，强调人与历史的沟通，馆内各种现代化的配套设施设备，为参观者提供细致舒适的服务，给人以文化的享受和历史的熏陶。

设计特点：充分展现中华五千年的文化历史，将中华文化的传承运用到现实设计中。地面采用环氧水磨石新工艺加铜条和青花瓷图案设计，一改以往博物馆的呆板和沉闷，给人强烈的艺术韵味和美感。复古效果的水磨石工艺，金属铜条衬托和勾勒的花朵形态，人们在此仿佛置身于一幅美轮美奂的花束画中，真正给人以艺术美的享受。墙面采用中国古文字设计，充分展现中国古代不同时期的文字特色，分别采用装点墙面和做背景墙的方式，让参观者更多地了解中国文字的特色和演变历史。中国文字是世界文明史上最伟大的创举，悠悠五千多年的文明史，文字是基础。多个区域运用了多种中国古代的装饰工艺，把中国古代建筑和手工艺融合在一起，不仅让参观者以参观古文物的感受，还给人以身临其境享受古代装饰工艺的感受。

功能空间

前厅区域

主要材料构成：水泥基水磨石、抗裂玻璃纤维、铜条。

设计：观复博物馆位于上海中心大厦 37 层，出了电梯，迎面就是观复博物馆的前厅区。前厅给参观者的第一印象是仿佛来到青花瓷器般的年代，脚底下硕大的地面是用现代施工法做成的水磨石嵌花地面。现代工艺和科技感极强的造型，地面上镶嵌的多彩灵动的花朵，无论艳丽的色彩还是金属感极强的铜条作出的花瓣造型，都

上海观复博物馆内廊

老子・道德經
第十六章

致虚極 守靜篤
萬物並作 吾以觀復
夫物芸芸 各復歸其根
歸根曰靜 靜曰復命
復命曰常 知常曰明
不知常 妄作兇
知常容 容乃公
公乃王 王乃天
天乃道 道乃久
没身不殆

青花瓷图案水磨石工艺地面

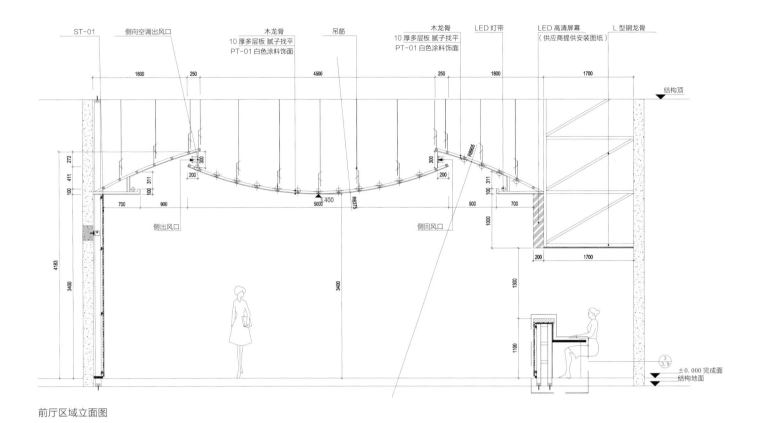

前厅区域立面图

生动勾勒出了青花瓷造型，这在现代的装饰施工中极为罕见。

设计师是要把观复博物馆尽量设计成带有古典韵味的博物馆，让古典文明与工艺再现在博物馆中；博物馆本身就是文物工匠艺术的体现。

技术特点、难点及创新点

上海中心大厦是国内最高的大厦。观复博物馆的前厅区整个地面是水磨石，面积有480m²。水磨石地面的特性就是耐磨，越磨越光滑，但只要有震动就会开裂，一旦开裂就无法修复，无法更换，裂缝会从细小的缝发展演变成大的缝，最会就会破坏水磨石地面的整体效果。因此大面积的水磨石地面不能有一点细微裂缝，这就是施工中的特点和难点。

经过反复现场研究，结合原结构面和完成面的落差高度，把前厅区域的净尺寸在电脑中建模，在结构面上打 φ6mm 的膨胀螺钉，膨胀螺钉选用 120mm 长的，其中 40mm 打入原结构地面，80mm 外露，间距为 200mm，膨胀螺钉完成固定后，上铺 φ3mm 的钢丝网片开与膨胀螺钉绑扎牢固，然后浇筑细

青花瓷图案地面

石混凝土。细石混凝土离水磨石完成面 20mm，细石混凝土的平整度控制在不超过 2mm。这样的施工方法能防止水磨石地面的整体开裂和细小裂缝。

水磨石地面施工工艺

选　　　材　水磨石地面的基本材料是水泥、黄砂、瓜子片、颜料。水泥选用海螺牌水泥（强度等级 32.5），黄砂选用中砂，瓜子片选用 8mm×15mm 颗粒的青色基材，颜料选用日本进口防氧化颜料。黄砂在使用前需经过两次筛选，去除黄砂中的泥沙和杂质；瓜子片在使用前须经过清水冲洗，去除瓜子片中的灰尘和细小颗粒。

铜 条 安 装　测量放线，依据图纸放出圆形的中心点，然后根据圆形的半径画出圆形尺寸，圆形偏差不大于 10mm。对照图纸和现场实际尺寸，弹出花纹分隔线，开始安装铜条造型。

铜条花形安装根据花形图案编号所在位置逐一摆放，并进行预拼装，全部花形摆放到位后进行拍照，录入电脑与设计造型图案进行比较，有偏差的进行调整，待全部花形摆放调整到位后开始固定安装工作。

铜条花型在厂里制作时，在铜条的埋入面焊有固定铜片，螺钉在固定铜片上与地面固定，固定方式是在铜条花形的两侧面错开固定，固定间距为 200mm，固定螺钉采用 304 不锈钢螺钉，铜条花型固定不得有松动。固定完成后每个固定螺钉上用 AB 胶涂抹。

调色配料灌浆　根据花形图案的颜色和效果图进行调色，配料调色从深色系往淡色系逐一进行，同时在现场对每一朵花瓣做好颜色标记。为了防止水磨石面层的龟裂纹出现，在灌浆材料中增加了抗裂纤维。抗裂纤维本身具有天然亲水性和高强张力，这使表面具有很强的握裹力。在后续的制浆加工中把抗裂纤维制成片状单体，使片状单体在水的浸泡作用和搅拌机摩擦力的作用下，分散为纤维单丝，从而混合在浆体中起到抗裂效果。配料比 1：2（水泥：石粒）。

调色配料的过程是一个漫长的过程。一天只能调配一种颜色，待同一款颜色的花纹灌浆完成，干了以后才能调配下一种颜色的材料。每种颜色灌浆施工完成后进行地面覆盖保护，一是防止污染颜色，二是防止相邻花纹颜色弄到表面使颜色走样。

整个灌浆工作是一个极其细致且需要耐心的工作，灌浆的好坏直接关系到水磨石地面质量和观感效果。灌浆不得高于铜条 2mm，灌浆的颜色不得有串色和漏浆，灌浆后应及时压实处理。次日少量浇水养护，常温养护 5~7 天。

水磨石粗磨　水磨石地面完成后需进行打磨处理。粗磨的目的是把水磨石表面外露的颗粒状物进行打磨，使浆体和颗粒物在平面上没有触感；粗磨时带水用粗砂轮打磨二遍，然后用中砂轮打磨一遍；打磨完后需清理干净，可以用清水反复清理几次，直至地面没有浆水和灰尘，晾干几天开始进行下道工序。晾干可以用大型电风扇和吹干机对着地面每个角落吹，直至没有水迹、地面发白为止。

水磨石镜面钢化处理　水磨石晾干后、在涂刷密封固化剂前，需将水磨石地面上的浮灰清扫干净。涂刷水磨石专用密封固化剂时，需保持一个方向涂刷。第一遍涂刷需确保密封固化剂渗透到水磨石的面层里，涂刷厚度保持在 1.5mm，整个面层涂刷厚度应保持一致。等干燥后涂刷第二遍，第二遍密化固化剂的厚度控制在 2mm，养护 48h 后开始镜面研磨。

镜面研磨　镜面研磨是水磨石地面的最后一道工序，也是直接关系到观感效果的重要工序。采用进口高速地面研磨抛光机，配以专用树脂磨片，从粗、中、细磨片逐一进行研磨。研磨时应掌握磨机的转速，并配以相应的研磨片。经过多次研磨，高光亮丽的水磨石地面就呈现在眼前。

瓷器馆

主要材料构成：石材。

设计：瓷器馆展出的瓷器为唐、宋、辽、金、元、明、清时期最具代表性的器物。宋代是我国制瓷业进入繁荣的时期，在艺术水平上迅速达到了高峰，汝窑、钧窑、官窑、定窑等五大名窑瓷器以釉色取胜，价值连城，是古代皇家贵族喜爱的藏品。磁窑等民间窑场的瓷器也同样各具特色，注重实用价值，深受人们的喜爱，众多窑场形成百花齐放的局面。辽代、金代的瓷器粗犷自然，既具有汉族的艺术特点，也具有北方民族奔放豪迈气息。元代随着海外贸易的发展，制瓷工艺和装饰艺术更为成熟，为明清制瓷工艺的高度发展奠定了基础。明代，随着社会的稳定和城市的繁荣，瓷器需求量大增，景德镇烧造瓷器的品种繁多，成就显著，成为全国的制瓷中心。清代，康雍乾三朝作品最为出色，工艺精巧，造型别致，品种繁多，达到了制瓷历史的巅峰。

上海观复博物馆瓷器馆

走道墙面

设计师在瓷器馆及走道区域墙面采用了阳文形式的设计风格来体现中国古文字的辉煌，更表达了中国古代四大发明之一 ——印刷术的技艺。古代刻在器物上的文字，笔画凸起的叫阳文。阳文凸起的花纹，采用模印、刀刻、笔堆等方法使得花纹高出器物平面，用手可触及。阳文单个模块的形式来，再现了活字模的效果。

技术特点、难点分析

为了体现活字印刷的阳文字模效果，按照设计方案，入口走道到瓷器馆的墙面均大面积采用大理石刻字装饰。大块面的石材雕刻对加工来说是一个难点。经过多次反复讨论，按照板面 600mm×600mm 来加工雕刻，一是便于雕刻机的操作，二是便于现场的安装。为了真实再现阳文字模效果，材质的选择就费了很大工夫，从光面到毛面的石材都一一做了尝试。按原设计和活字印刷的要求，字体应为宋体，但出来的效果达不到设计要求，规矩且略显呆板。经过反复寻找和更换材质，在林林总总的字体中筛选了汉仪中宋繁、汉仪大宋繁、方正宋黑繁体、汉仪超粗宋繁、康熙字典等五种字体做成手册，经过设计师、施工方、建设单位讨论，最后选定康熙字典体作为字模的字体。最终选定的字体能真实再现中国阳文字的阳刚之气和文字的内涵。

瓷器馆施工工艺

活字印模是中国古代特有的文字印刷技术。古代字模用胶泥制作，特点是遇水不变形，不与其他材料和药物相黏，且拆板方便。中国古代人民早在 11 世纪就发明了活字印刷。印刷术作为中国古代"四大发明"之一，曾对世界文明进程和人类文化发展产生过重大影响。活字印刷的发明是印刷史上一次伟大的技术革命，它通过使用可以移动的金属或胶泥字块来取代传统的抄写，或是无法重复使用的印刷版。活字印刷的方法是先制成单字的阳文字模，然后按照稿件把单字挑选出来，排列在字盘内，涂墨印刷，印刷完再将字模拆开，留待下次排印时使用。

阳文字模加工。
材料挑选：选用质地较硬的天然大理石。石材厚度要求 30mm，能满足雕刻和干挂开槽的需要，石材板面无暗裂纹、无色差等。根据设计的字模排版：用电脑建模的方法对字模尺寸和石材板块尺寸进行排版。石材的板面安装尺寸 600mm×600mm，字模必须在石材板块内排列，不得有文字排版切割的情况。文字排版符合要求后开始逐块雕刻加工。

阳文字模雕刻。雕刻采用高速精密雕刻机来加工。雕刻字模的要求是左边直刀深度为 3mm，右边直刀深度为 1.5mm，这样的雕刻深度既能体现阳文字的立体感和美感，又能保证石材字模不爆边，刀法细腻且极具艺术美感。

字模板块安装。字模由大理石做成，如采用传统湿贴大理石工艺会因为季节性温差变化引起胀缩变形，大理石可能会脱落。为了解决这个问题，采用耐腐蚀的螺栓和耐腐蚀的柔性连接件来固定安装，将阳文字大理石通过柔性连接件以挂扣的形式干挂在墙体表面，石材与墙体之间留出 45~50mm 空腔，既体现阳文字的观感，又避免了震动产生的开裂脱落情况，与传统工艺相比较，免除了灌浆，缩短了施工周期，减轻了建筑物的自重，提高了抗震性能。

字模做旧处理。新雕刻好的石材字模不具有复古性，需要手工处理做旧。做旧需用黑色碳粉、水彩黄粉和红粉配合调制而成，做旧时用三层棉纱包裹棉花成团形，然后用点琢方法对石材字模表面及槽内进行做旧，槽内可以多点琢几次，面层字模做旧颜色干透前用白布进行擦拭，去除做旧的痕迹。最后在整板墙完成后进行喷砂处理。

安装方法：在石材字模板材背面开槽，采用专用角码与墙体上的挂件相连接，安装时在每个连接件之间放置柔性隔离垫片，拧紧螺钉，调整好平整度和板缝直线度后，在连接件之间用结构胶进行包裹固定，安装完成后检查字模间凹槽宽度是否一致，最后对板面进行清理和补缝处理。

家具馆、艺术中心

主要材料构成： 钢板、铜丝、颜料、黄金。

设计： 中国古代家具的发展源远流长，明清是我国古代家具制造的鼎盛时期。明式家具自宋朝以来逐渐形成，实用而美观，至明末清初达到炉火纯青的顶峰，它以洗练的造型，合理的结构，在向后人表达着前人的智慧。许多文人墨客都给予了极高的评价。清式家具在宫廷家具的直接影响下，迅速风靡。清宫集结了天下的能工巧匠，皇帝甚至直接干预家具的生产。在清代前期社会总体繁华艳丽的大背景下，清式家具逐渐摆脱了明朝家具的传统制式，以新的面貌进入社会。

设计师将观复博物馆的家具馆分设为六个展厅，分别陈列明清家具的代表性作品，有造型洗练、比例匀称的明式家具，有装饰华美、做工精细、富于变化的清式家具。展厅按照家具的材料性质划分，设有红木家具展厅、紫檀家具展厅、黄花梨家具展厅、鸡翅木家具展厅，并有古代书房"渠清书屋"的实景陈列。观复博物馆的中国古代家具展览为国内首屈一指，兼具权威性、专业性与观赏性。

技术特点、难点分析

珐琅技术自传入中国后，在康、雍、乾三朝得以发展。珐琅是将一种玻璃质的釉附着在金属表面，这种釉主要是以石英石、长石、硝石和碳酸钠再加上铅和锡等氧化物烧制而成。珐琅制作分为设计、制胎、雕刻、掐丝、点兰、烧活、镀金八大步骤。

观复博物馆艺术中心珐琅地板采用大块分隔的方法来加工制作，根据拼花图案的形态分隔，这样在现场拼接时可以对拼缝进行技术处理，达到无拼缝点的效果。

上海观复博物馆家具馆

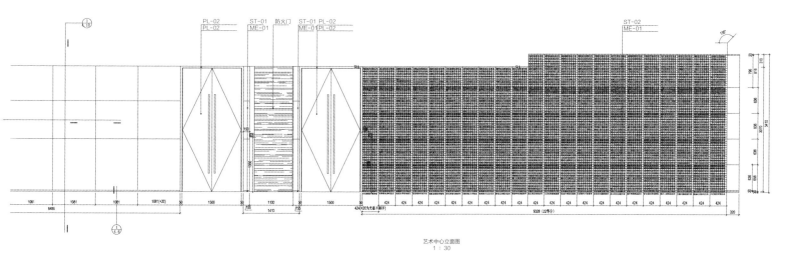

艺术中心立面图
1：30

艺术中心立面图

珐琅地板施工工艺

测　量　放　线　利用三维激光扫描技术，把艺术中心地面形态录入电脑中，在电脑中建立图案分隔模块，把电脑建模分隔尺寸全部弹在地面上，并进行编号标注。

珐琅地板模板制作　模板采用 5mm 厚多层板制作，制作按照地面花式线形进行裁切，并根据地面的花形进行相对应编号标注。

地面钢龙骨制作　地面龙骨采用 40mm×20mm 镀锌方管平放制作，地面龙骨纵向间距为 300mm，横向固定方管间距 900mm，用 ϕ8mm 膨胀螺钉固定在地面，方管上钻 12mm 圆孔用于固定。方管拼接全部采用焊接，地面龙骨方管平整度不大于 2mm。用于固定珐琅地板。

珐琅地板加工制作　①准备工作。珐琅地板胎体选用 8mm 厚的优质金属板制作，金属板背焊 15mm 长的固定栓，用 ϕ10mm 的圆铁制作，安装时插入地面方管点洞里。釉料选用透明度高的石英砂和硼砂。金属板根据模型板进行裁割，边口毛刺进行打磨修饰，整个金属板面需进行打磨处理，这样才能保证釉料在烧制过程中与胎体完全黏合。观复博物馆艺术中心的地板面积太大，不能用黄金和银的胎体来制作，故选用优质的金属板来做胎体，效果同样能满足设计要求。

②制作珐琅地板过程。

掐丝：选用 2mm 黄铜丝作为掐丝材料，先把黄铜丝弯成设计纹案图形，弧形和圆形不能弯点太生硬，否则显不出圆形的生动。把弯好的丝线圆形牢牢焊在胎体上。

点釉料：在点釉料之前要检查胎体表面是否干净无污渍，只有表面干净才能使釉料和胎体之间结合完美。然后再在釉面上填入与设计图案相应的色彩釉料。

烧制：把上好釉面的金属胎体放进密封的烧炉中，温度要达到 750℃，经过一至二小时的高温烧造。烧造好的地板有小瑕疵的，如釉面出现凹面，需要再次点釉、重新烧制。这样才能保证釉面与黄铜丝面齐平。

③珐琅地板安装，安装时根据珐琅地板的编号从起始边开始。安装时珐琅地板背面的固定插销必须插入钢龙骨的圆孔内，每个固定插销涂抹 AB 胶用于地板固定。在金属板的边口用点焊的方式将金属板与地面方管进行焊接。全部珐琅地板安装完成后，在珐琅地板拼缝处用黄铜丝进行掐丝，待全部拼缝掐丝工作完成后，用专用的釉面烧结炉在现场烧釉，烧好的釉慢慢均匀地浇在珐琅地板拼缝处，分多次进行，同时对碰坏或有瑕疵的釉面进行补釉。

珐琅地板的清理和保　　　　　养　在日常使用中尽量不要把重的东西掉在珐琅地板上，以免损坏釉面，不要把酸性的液体和香蕉水之类的溶剂滴洒在珐琅地板上。平常保养只需要用柔软的棉布、毛巾轻轻擦拭，无须上光打蜡。

金器馆及走道

主要材料构成：玉石漆、耐高温涂料、抗裂腻子。

设计：金器馆以中国古代黄金作品为主，并以中国周围各民族与各个国家的黄金文化为辅，让观者领略黄金文化灿烂表象的同时还让其了解黄金文化和工艺的深刻内涵。

观复博物馆各展馆的设计采用现代简约风格，是行走在流行时尚前沿的一种博物馆设计风格。金器馆的设计理念更是将元素、色彩、照明、原材料等简化到极致，但对色彩、材料的质感要求却非高，因此简约的空间设计通常比较含蓄，往往能取得以少胜多、以简胜繁的效果。

上海观复博物馆金器馆

技术特点、难点分析

观复博物馆金器馆和走道区域采用的是防潮性极强的进口环保玉石漆涂料。艺术品和收藏品都是无价之宝，最大的特点就是怕潮。设计师选用防潮环保进口玉石漆涂料作为面层涂料。玉石漆涂料表面平滑，品位高雅，触感如鹅绒般轻柔光滑、洁净亮丽，具有特殊肌理效果，颜色可以根据需要调配，涂膜层坚硬，优势是耐水、防潮、环保清新，抗污、防霉、抗碱、抑菌。腻子采用进口防霉防结露的配套腻子，是一种可呼吸的批墙材料。

金器馆及走道施工工艺

基 层 处 理　　先将基层表面的灰尘浮渣清理干净，用刀铲除，如表面有油污，需用清洁剂和清水洗干净，干燥后再用棕刷将墙体表面清扫干净，然后用专用固封胶水涂刷一遍，作为封底凝固用。

满刮四遍腻子　　腻子在专用桶里面调和，水和腻子及胶水严格参照要求的配比来调和，用专门的磅秤来称重。第一遍应用胶皮刮板满刮，要求横向刮抹平整、均匀、光滑，线角及边棱整齐顺直。第一遍腻子尽量刮薄，不得漏刮，接头不得留槎，待第二遍腻子干透后用粗砂纸轻轻打磨平整，把地面的灰粉清扫干净。第二遍满刮腻子与第一遍方法相同，但刮抹方向与前一遍腻子相垂直，干透后用中号

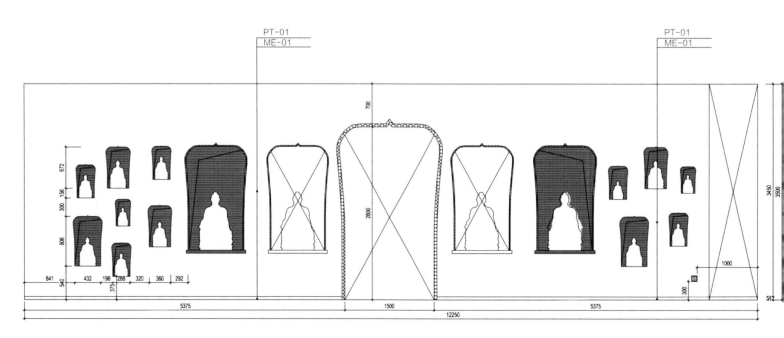

金器馆立面图

砂纸打磨平整。地面清扫干净后进行第三、第四遍腻子满刮。第四遍的腻子要求朝成活方向批刮，平整度要求控制 1mm 以内，灯光照射下没有批刮的痕迹。最后用细砂纸轻轻打磨至平整光滑，然后把墙上打磨的灰尘清理干净。

底 层 涂 料　在施工底层涂料前需将地面灰尘清理干净，地面应保持湿润。喷涂前墙面应保持干燥、清洁。喷涂采用进口 7500 瓦无刷喷塑机，进口喷机无论是压力还是喷幅宽度都更能满足喷涂要求，喷机的功率大，喷出的涂料附着力就强。底层涂料在喷涂中应顺着一个方向喷，喷涂应至少有 50~100mm 的搭接，喷涂层需均匀，不得有漏喷，更不得在一个点上集中喷涂。

中层涂料施工　喷涂第一遍涂料后检查一下，如发现有不平整之处用腻子补平磨光。中层涂料在使用前应用搅拌充分、均匀，不得掺水。中层涂料中如含有极细小的颗粒物，增加喷涂厚度。中层涂料喷完后应及时检查是否有缺陷，凹下去的地方应进行填平修补，凸出来的地方应进行平整打磨。然后对整个墙面用细砂纸轻微打磨一遍，尤其是要将小颗粒物打磨掉。

面层涂料施工　由于现场干燥程度与天气气温有关，干燥程度不尽相同，应预先在局部墙面上进行试喷，以确定涂料的附着性和黏合力，并同时确定合适的涂布量。玉石漆涂料沉淀性较大，需摇动使其混合均匀，然后打开容器盖，用木棍搅拌。此时不能用电动搅拌枪来搅拌，否则会破坏玉石漆涂料性状。喷涂时喷嘴应始终保持与墙面垂直，尤其在阴角处特别要保持垂直喷涂，距离墙面约为 300~500mm，喷嘴压力为 0.2~0.3mm²，喷枪呈 Z 字形向前推进，纵横交叉进行。喷枪移动时要平衡，涂布量要一致，不得时停时移，跳跃前进，以免发生堆料、流坠或漏喷现象。最后检查面层涂料是否有漏喷现象，待 24h 后，玉石漆涂料的真容就会展现在人们面前。

造像馆及接待台

主要材料构成：进口花梨木、油漆。

设计：佛教起源于古印度，公元前 6 世纪由释迦牟尼创立，东汉初年传入中国。佛教艺术对我国的文学、绘画、雕塑、建筑等均产生了深远影响。设计初始，拟将南北朝及唐宋时期汉传佛教造像，明清时期汉藏佛教造像，以及周边国家佛教造像作

上海观复博物馆佛教馆

品陈列于佛教馆内，大千世界，宝光灿烂，令观者心存敬畏。

造像馆的设计风格以沉稳为主，墙面以深棕黄为主基色，配以古典木刻作品做局部妆点。顶面以深灰颜色衬托整个空间，彰显植入生活的信仰——佛教。

观复博物馆接待中心接待台是观复博物馆的又一镇馆之宝。弧长 6500mm、半径 4100mm、厚 120mm、宽 800mm 的纯实木巴西花梨木台面，再现了古代工匠制作手艺。

技术特点、难点分析

观复博物馆接待台的原材料挑选和运输是第一个难点。如此大的原材料运到上海中心 37 层是另一个难点。如果锯成小块再拼接就失去价值。第三个难点是到哪里去找做实木花梨木的工匠。接待台是纯手工制作的，如果用木工机械和电动工具来做就缺了一点韵味，仿真的价值不大，且机械加工的痕迹容易表露出来，需要手工加工处理。

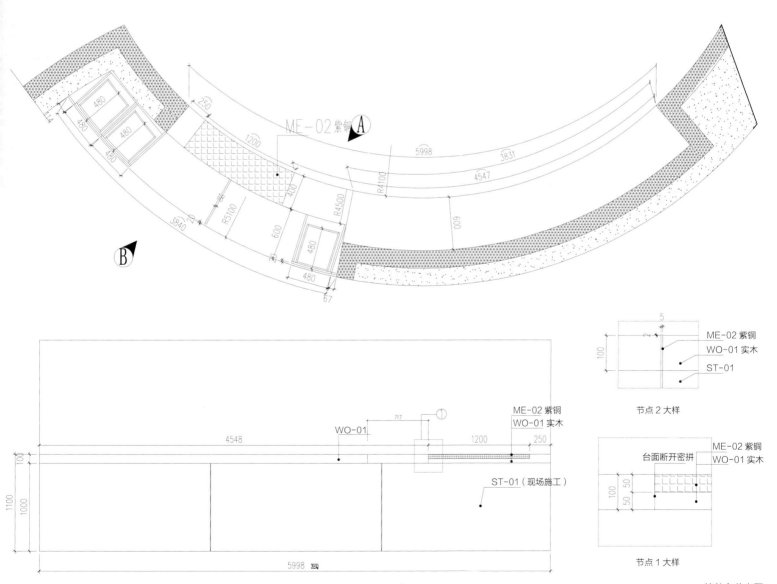

接待台节点图

接待台施工工艺

原 材 料 处 理　将采购回来的巴西花梨木原料在加工场地进行外表皮清理，然后用水清洗一遍，平放于专门加工场地，静置一段时间，这样是让进口的原木材料适应国内的气候变化。静置等待时期，木材会产生一些变化，如原木材料会膨胀、收缩、开裂，这都是正常现象，所以静置一段时间很有必要。如果直接拿原材料来加工，以后制成成品后会引起变形开裂等，静置一段时间就可以极大地避免这种情况。

原 木 材 料 切 割　把静置过的木材送到锯齿切割机上切割时根据台面尺寸及弧形长度在原木材料上画线，然后进行纵向分离。这样整块原木的大致纹路就显露出来了。切割完成以后重新将木材放置在仓库里面架空阴干一段时间，期间不能曝晒，否则后期木材也会出现皲裂。

原木材料初加工　将切割好的原木材料全部平铺在干燥的场地上进行花纹排列，尽量将花纹纹理相同的原木放在一起。然后根据接待台的弧形长度画出弧形线，在裁切机上切割。初加工中对原木中已经出现开裂和木材结构有问题的全部舍弃，以免影响整体质量和观感效果。

拼 装 制 作　将裁切好的木材运送到施工现场进行人工拼装制作。全部采用手工制作。大板平放，根据圆形尺寸弹出标准拼缝线，开始手工打磨拼接圆弧板，拼接板时仔细对好木纹纹理衔接，尽量使木纹纹理能对得上，板与板的纵向采用 L 形拼接，然后在 L 形拼接处钻 10mm 的圆孔，用花梨木做成的木削塞进去固定。圆孔的间距 100mm，圆孔的深度为 80mm。板与板横向拼接采用榫卯连接，榫卯采用明榫和暗榫交互拼接。拼装要求：L 形纵向拼缝不得大于 1mm，榫卯拼接不得大于 1mm。

全部台面板拼装到位后需进行手工修饰、磨边。大板台面拼接完成后总有些不平整的地方，这时就需要工人手工抛平处理，高档的木材只有手工抛才能光滑平整，通常这一过程需要数天。抛光采用进口的零号精细级砂纸。

台面油漆施作

①底漆施作。上底漆是因为木材从微观的角度来看还是存在一些很细小的缝隙纹，需要用专用的液体来填满。为什么不采用蜡来打底呢？主要是蜡的熔点比较低，不适合于高档木材。大板的适用范围比较广，且一直是暴露在空间中，所以底漆制作十分重要，底漆制作能起到很好的防护和封闭隔离作用，能很好地保护木材本身，而且还能对外层的涂饰施工起到稳定作用。底漆采用人工手刷，刷完后用 120 支棉纱布反复擦拭，让底漆渗透到木材的毛细孔里。底漆手工刷的好与坏，纱布擦拭是否到位，直接关系到木材纹理是否清晰。底漆必须刷得饱满、厚度一致，边边角角都必须刷到位，尤其是阴角处需涂刷二遍。对 L 形拼接和榫卯处需加多重底漆处理，让底漆渗透到拼缝里面。

②面漆施作。面漆需喷 4~5 次清漆，这样做是为了更好地阻隔外物对高档大板原木的侵蚀。同时清漆喷得好，大板的光面就如同镜子般光滑亮丽有质感，让人一看就怦然心动。

面漆喷完一遍就需要进行手工打磨，每次打磨完需将面层清理干净，最后一遍打磨需对边口仔细检查，有不到位的地方需进行深入打磨，打磨越透彻，最后观感效果会越好。最后一遍面漆需保持场地干净无灰尘，场地必须湿润，喷完面漆关闭门窗 7d 以上，让面漆自然收干。

上海浦江镇
装配式样板房
装修工程

项目地址
浦江城市生活广场（上海市闵行区浦锦街道江月路 1850 弄 1 号）

内装系统研发
上海全筑建筑装饰集团股份有限公司产研中心技术研究院

室内施工单位
上海全筑建筑装饰集团股份有限公司

设计单位
上海全筑新军住宅科技有限公司

项目简介
项目位于上海市闵行区江月路，是集商业、文化、休闲、办公于一体的城市综合体。规划设计创造富有活力的"新城市生活"，北侧 3 栋高层建筑原为办公楼，现改造为租赁住房，外立面保持原状。总建筑面积 58886m²，其中住宅面积 53736m²，住宅户数 1080 户，配套商业面积 5150m²。

样板房内景

项目特点

全筑股份以基金为先导，配以全生命周期的产品解决方案、高质高效的装配化内装体系、服务运营的智慧租赁系统以及售后维保、硬件更新与产品运维增值服务，打造了一套完整的租赁住房系统解决方案，并将其成功运用在上海地产浦江镇项目租赁住房中。

在一般人的印象中，无论装配式住宅还是租赁公寓，风格好像都千篇一律，但全筑股份打破传统，满足刚需业主居住需求的同时，力图营造家庭的氛围，从入户到离家，从硬件到软件，从五金到智能，为年轻一代租户打造了一款体验感超强的居住产品。室内布置以个性化、简单化装修方式打造舒适的家居体验。现代简约风格的家具强调功能性，线条流畅。

装配化内装

装配化内装体系强调建筑装配化与室内装配化的无缝衔接：贯彻 SI 体系；以干法施工为主；尽可能减少或免除湿作业，在可控范围内选择高效湿作业涂装，兼顾实用、安全、舒适、美观、可持续。在严格的成本控制前提下，伴随不同业态成长周期的需求自由灵活布局。

顶面系统

材料：快装轻钢龙骨系统、MGRG 装饰模块

设计工艺：吊顶采用快装轻钢龙骨系统和玻璃纤维混合增强石膏（MGRG）装饰模块。在工艺和工序方面，因干法作业，现场环境可控，允许交叉作业、同步施工，衔接部位搭建便捷；在效果及品质上有诸多造型选择，可根据设计工厂定制；实现了现场安装，降低了施工难度，简化了步骤，避免了对施工安装人员手艺的依赖。

与传统轻钢龙骨石膏板吊顶相比，因节省了放样、调整、面层大面积乳胶漆粉刷等步骤，且优化了基层的施工工序，因此在工期进度上，特别是对一些特殊复杂造型、

样板房门厅视角

架空地板架构

大型吊顶而言，在安装速度上有较明显的提升。

集成地面系统

材料：联合研发定制专用水泥基架空地板体系（含注塑类防火支座）、专用地暖模块、SPC 地板等。

设计工艺：客餐厅及卧室地面采用了架空地板体系，基层为架空结构，功能层为干法地暖，饰面层为锁扣地板等。该系统专用注塑类防火支座经过研发选型、出样测试、结构尺寸微调，最终成型，具有可自由调节高度（可调范围约 4cm），无需传统湿作业找平等特点，适合各类新建项目和改建类项目，其对原结构地坪适应性较强。根据住宅类地面承载力和功能要求，我们对无机质水泥基架空地板进行整体优化，使整个架空结构基层稳定性高、承载力强（集中荷载 200kg 以上）、防火阻燃、隔热隔声、自由布线、安装拆换便捷，便于运营维护。

干法地暖方面，选用不同规格的干式复合水暖模块、干法电地暖，以满足不同业主的功能要求。该类地暖取消了传统水泥砂浆蓄热层，大大缩短施工时间且现场施工环境得到改善。此外，干法地暖发热较快，即开即用，能耗也较传统地暖更低，节省运营成本。根据不同产品特点，研发各类干法模块配套施工工艺，特别是与架空地板基层的连接、固定方式。成熟部品已经在样板房中得到运用。

锁扣地板饰面层能灵活更换，选择多样化，拼法和饰面颜色有多种组合。另外，在满足基本功能的前提下，该系统表面可以结合几乎所有成熟建材，如复合地板、地砖、石材、地毯等，完美匹配各类装修风格。

墙面系统

材料：复合轻质条形墙板、快贴壁纸

设计工艺：隔墙满足物理性能要求（防火、隔声、环保、牢固、平整等），隔墙采用水泥基轻质复合板，其质地轻，重量是传统砖墙砌体（加气混凝土砌块）的 1/6，不含石棉、甲醛、苯等对人体有害的物质。防火性好，可作为防火墙，最高耐火极限 ≥ 4.0h，且不会出现板材因吸潮而松化、返卤、变形等现象。最高隔声效果 ≥ 47dB，优于国家现行相关规范，也远高于同等墙厚条件下的砌砖墙体，可有效提高得房率。

现场干作业装配化施工，墙板整体平整度高，无须粉刷水泥砂浆找平层，工序简便，安装迅速。一个熟练工人一天能装运 15m² 以上，与传统砌筑墙体相比，施工效率大大提高，能更大程度符合项目工期要求。更重要的是满足租赁类、适老类项目运营特点，隔墙可重复使用，其重复循环使用率高达 70%~90%。同时满足功能拓展，比如基层单点吊挂力 ≥ 100kg，可以增设固定家具。

在与装饰面的结合上，快贴墙纸工艺无需铲墙、批墙等工序，大范围缩小批嵌、打磨及裱糊的范围，并对墙体结构变形、局部开裂引起的饰面问题有一定的遮护作业。该种壁纸不含甲醛、苯、氨、挥发性有毒物质，环保可靠。其表面可擦洗，接缝少，

样板房卧室

防水底盘

防水底盘表面为"井"字形纹理，有效防滑，保护客户安全。

SMC 壁板

哑光与镜面肌理相结合，疏水性能更强，让室内快速恢复干爽。

翻边锁水

科逸整体浴室防水盘采用 SMC 材料一体模压成型，分子结构致密，周边设有 4mm 的锁水边，杜绝渗漏。

井字形纹理

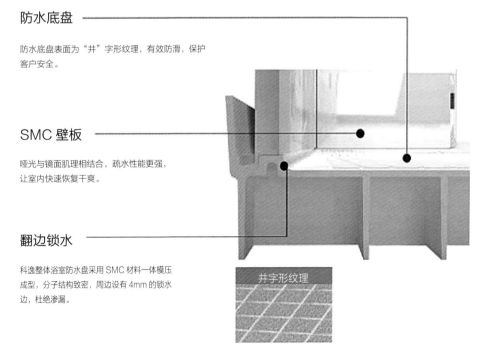

整体卫浴

不翘边，美观度较高。

整体卫浴

材料： 整体卫浴联合研发。

设计工艺： 整体卫浴采用新型 SMC 体系（防水底盘、SMC 壁板、翻边锁水）。对于防水底盘、壁板、顶盖的主体部分安装，采用改进拼装方式，提高安装效率；其中底盘、顶板通过卡扣的方式直接牢牢卡住墙板，无需打螺钉；顶板"换气灯"集换气扇与 LED 灯于一体，一次安装实现两大功能。

整体卫浴优点是材料成熟可靠，构造实在且耐用。但仍存在颜值低、功能紧凑但舒适度不足等问题待完善。

卫浴间

集团技术研究院与成熟卫浴企业联合研发，优化了构造工艺，改进了排水方式；增加与完善了功能模块、功能点，平衡了日常行为需求与成本增加之间的矛盾；结合部品打造产品，观感的提升与主流审美趋势保持一致；集成化部品兼顾了款型风格的统一。

厨房橱柜

材料：赫斯帝橱柜。

设计工艺：电磁炉、抽烟机及一体化的橱柜系统，实现厨房工作每一道工序的整体协调，而开放式的厨房设计营造出良好的家庭气氛和浓厚的生活气息。同时设计师充分规划橱柜和抽屉空间，把物品归置整齐。结合不同功能的橱柜，形成一个完善的储物系统。悬挂式的微波炉，好用又节约空间。

收纳系统

全筑股份根据不同居住空间的多级标准柜，为用户提供定制兼具实用性和功能性的个性化收纳系统，合理利用房屋的每一寸空间，增加房屋收纳储物功能，提高空间利用率和视觉效果。

门厅收纳

材料：赫斯帝柜体。

设计工艺：浦江镇项目属于小户型，因其空间较小，对功能的需求更为凸显。结合目标成本，门厅柜多段划分空间，中间镂空，方便放置钥匙、手机等随身物品，配置高频次使用的功能点位，满足常用移动设备需求，而底部的留空设计，可以快速便捷地收放家居拖鞋等。

智能化系统

在项目样板房阶段，还在智能化系统方面做了一些尝试。租售住房的强运营属性决定了其对智能化、安全性的需求更紧迫。租赁住宅的特性介于酒店和传统住宅之间，传统酒店客房控制系统 (RCU) 和住宅智能化系统都无法完美应用。租赁住宅既需要让租住者享受舒适、便捷、安全的生活，也要考虑建设管理方对于系统稳定、经济实用、管理智能化、维护标准化的要求。

智能门禁系统

设计工艺：楼栋入口大门以及楼层单元门设置可视对讲呼叫系统以及人脸识别门禁，可呼叫到户或呼叫到物业管理处，实现租客、临时访客的区域出入口权限管理，以及历史呼叫信息查询。对于授权访客以及临时访客人群，通过管理平台或 APP 实现在线登记和出入授权管理，为住客安全保驾护航。

样板房起居厅内景

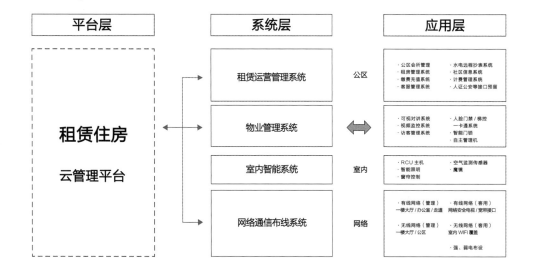

平台层	系统层		应用层
租赁住房 云管理平台	租赁运营管理系统	公区	· 公区会所管理　· 水电远程抄表系统 · 租房管理系统　· 社区信息系统 · 缴费充值系统　· 计费管理系统 · 客服管理系统　· 人证公安等接口预留
	物业管理系统		· 可视对讲系统　· 人脸门禁 / 梯控 · 视频监控系统　· 一卡通系统 · 访客管理系统　· 智能门锁 　　　　　　　　· 自主管理机
	室内智能系统	室内	· RCU 主机　　　· 空气监测传感器 · 智能照明　　　· 魔镜 · 窗帘控制
	网络通信布线系统	网络	· 有线网络（管理）　· 有线网络（客用） 一楼大厅 / 办公室 / 走道　网络安全电视 / 宽带接口 · 无线网络（管理）　· 无线网络（客用） 一楼大厅 / 公区　　　室内 WIFI 覆盖 　　　　　　　　　　· 强、弱电布设

智慧家庭系统

设计工艺：全筑股份为租赁住宅配备了智慧公寓 KNX 系统，将传统住宅智能化和 RCU 完美结合。当你靠近的时候，超大触控屏幕随即被唤醒，自动开启人脸识别可视对讲、租赁信息发布、家庭能耗显示、空气质量显示、社区互动、家庭语音留言、音乐影音娱乐等丰富功能；智能水电能源管理可实时了解家中水电能耗情况，清晰掌握每月账单；智能空气质量检测使得房间内的空气温度、湿度和 $PM_{2.5}$ 数据一目了然，打造更健康舒适的居住环境。一键离家、一键回家、一键睡眠等场景设置让居住更舒心。

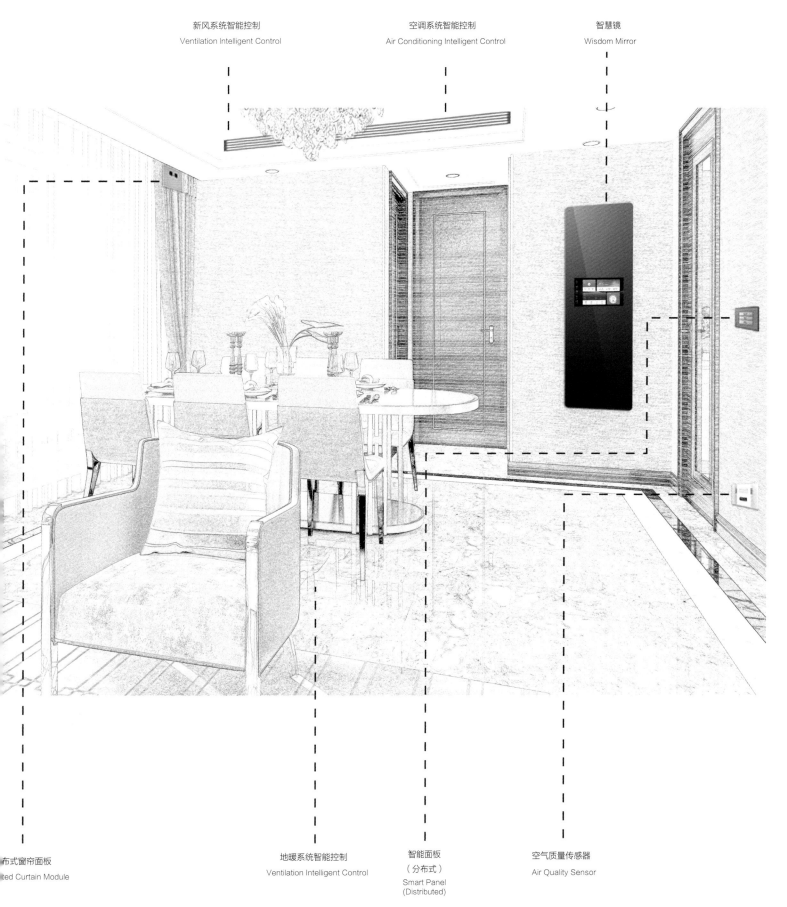

新风系统智能控制
Ventilation Intelligent Control

空调系统智能控制
Air Conditioning Intelligent Control

智慧镜
Wisdom Mirror

布式窗帘面板
ted Curtain Module

地暖系统智能控制
Ventilation Intelligent Control

智能面板
（分布式）
Smart Panel
(Distributed)

空气质量传感器
Air Quality Sensor

智慧家庭系统

厦门弘爱医院装修工程

项目地点
厦门市湖里区仙岳路 3777 号

工程规模
总建筑面积 268380m², 其中地下建筑面积 80203m²

地上总建筑面积
188177m², 上部共 7 栋楼

建设单位
厦门仁爱医疗基金会

设计单位
上海康业建筑装饰工程有限公司

室内施工单位
上海全筑建筑装饰集团股份有限公司

开竣工日期
2017 年 2 月 20 日 ~2018 年 8 月 15 日

获奖情况
参评 2019 年度鲁班奖和 "市优良（鼓浪杯）"

社会评价及使用效果
厦门弘爱医院系厦门仁爱医疗基金会投资兴建的三级非盈利性综合医院，拥有优越的地理位置，极大地方便了老百姓的看病拿药。规划总床位数 1380 张，首期开放床位 300 张。目前弘爱医院已成为厦门市基本医疗保险定点医疗机构和厦门市工伤保险定点医疗机构。开业以来，获得了就医人员的高度评价。

厦门弘爱医院外景　来源：瑞盟设计（Lemanarc S.A.）

设计特点

厦门弘爱医院完全根据国际JCI标准和二星级绿色建筑标准建设，医院设计有门诊大楼、综合大楼、住院楼、康复楼、室外休闲景观等。同时将门诊、急诊、住院大楼进行了统一规划，一次性建设。其中门诊楼、综合楼内设置有弘爱医院体检中心、弘爱康复医院、康复治疗中心，康复楼内设置有弘爱康复医院、弘爱养护院。各楼之间通过连廊相互连接。

厦门弘爱医院的设计理念是"阳光、绿色、便民"，从进门处标志石碑就可以看出医院的风格"亲民、便民"。进入医院就诊大厅，通过玻璃天顶可以与阳光亲密接触。清晰明了的医院导视系统令每一位住院者能够迅速找到目的地。就连洗手间都很时尚，讲究美观。全院随处可见的"Z"字形前台，让人坐在轮椅上也能与工作人员无障碍沟通。

厦门弘爱医院的设计理念是要做一个有温度的医院。要做到有亲民的温度，就要从每个细微的设计着手。阳光代表着温度和明亮。走进医院的每个区域，无论是通道还是等候区，明亮代表着一切，通透的走道用色彩诠释着美丽。走道的墙上挂着油画，仿佛把人

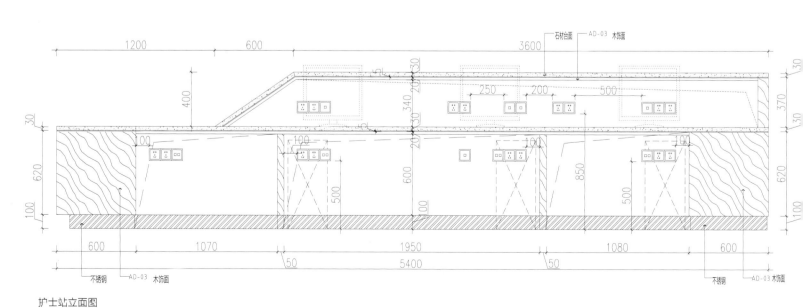

护士站立面图

一楼大堂

们带进了一个艺术展览馆，这样就可以让人有一种愉悦的心情。

绿色环保是医院又一大特色。设计师将医院电梯分为米色和黄色，米色代表医用电梯，黄色代表客用电梯。医用电梯较大的空间既能够承载病床、实现高效转院，也能够以周围光可鉴人的面板来帮助身体无法灵活挪动的人员快速观察环境。这种更加人性化的设计特点使医用电梯在医疗事业领域拥有非常重要的作用。

便民也是这次设计的重要特点。无障碍设施贯穿整个弘爱医院。所有的无障碍设施严格依照规范设计原则，并且根据人性化需求进一步提高，如使用电动门、增加感应装置等。对踏步进一步放低，安全扶手增加恒温装置，房间窗户增加宽度，让阳光尽量照射到房间内。

护士站

电梯厅

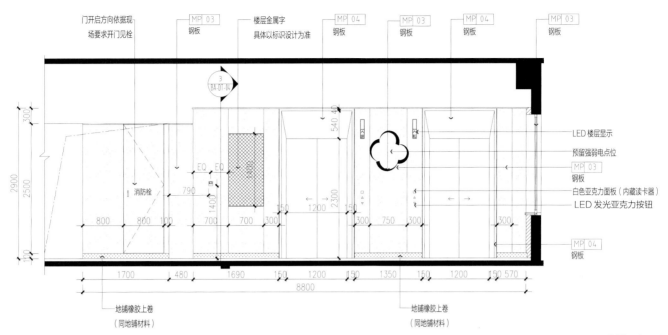

门开启方向依据现场要求开门见栓

MP 03 钢板

楼层金属字 具体以标识设计为准

MP 04 钢板

MP 03 钢板

MP 04 钢板

MP 03 钢板

消防栓

LED 楼层显示

预留强弱电点位

MP 03 钢板

白色亚克力面板（内藏读卡器）

LED 发光亚克力按钮

MP 04 钢板

地铺橡胶上卷（同地铺材料）

地铺橡胶上卷（同地铺材料）

电梯厅立面图

自动发药机系统

主要材料构成：3mm 穿孔铝单板，50~100mm 方管，2mm 不锈钢板，成品发药机组。

设计：自动发药机也叫自动化药房发药机。自动发药机的特点是根据物联网原理，与医院的信息系统连接，患者就医交款后，处方信息传输给"自动发药机"，发药机系统收到信息自动挑选药品，贴上患者姓名和用药说明，同时为患者分配取药窗口。患者可以根据窗口系统提示自行取药。设计原理和特点就是提高医院的发药工作效率，提高医院管理水平，减轻患者的往返。自动发药机效率高，每人次的取药时间为 15s，安全性高，可以在一定程度上避免人工操作带来的取药品种或者数量上的错误。库存的统一管理，提高了药品品种管理的透明性。自动发药机系统实现远程数据管理安全存储，实现了门诊医生、挂号处、收款处及取药处的数据共享与协调。

特点、难点技术分析

自动发药机系统工程是一个创意性极强的工程，从药品仓库的运输到发药窗口，所有的钢架系统与发药机的传输是紧密连接的，这就要求钢架支撑传输架要随着传送带的设计要求高低起伏，并有多个分拣口的合并仓口传送区。所有钢架采用 40mm×60mm 方管制作，连接采用组装连接，而不是焊接，由于有些部位造型独特，且要求圆润自然，无任何尖角，对金属板收口的处理难度尤其大，因此订制半圆形罩盖焊接在每个转角尖角的顶面。发药机的传输距离较长，需经过楼层及跨越几个空间，因此安装只能进行多面分解，先在电脑上建模，放样深化，这对深化设计提出了较高的要求。

自动发药机的难点是支撑钢架与发药机的分捡机和整个传输系统的吻合度。

自动发药机的系统施工工艺

测量放线是整个发药机系统安装的重点。根据每台分捡机和传输机的传动器固定位置放出方正线，再把传输机的位置线放出，并将测量放线的数据与深化后的图纸进行比对及反馈给深化设计师，用测量放线数据在电脑上建模，考虑各种伸缩缝因素及局部结构的变化，进行曲度和弧度的调整。钢骨架安装完成后进行加固处理。

成品发药机及传输机安装时即调整不吻合之处。安装调试完成后两侧用金属板进行密闭包裹。

医院手术室

主要材料构成： 耐磨橡胶地板、PVC 地板、成型铝板、塑铝板、乳胶漆、进口抗培特板。

设计： 厦门弘爱医院是一家三级甲等医院，对手术室的设计要求更高。手术室要具备一流的手术设施，方便快捷。设计师在设计时提出了整体要求，将 ICU、MICU 及各类实验室、检验室等特殊空间进行整合，根据规模大小，将手术室的准备区、隔离区和手术区三大区域，按比例合理分割、统筹考虑，包括房间设置、设施摆放、通道划分、医护人员与病员等合理的区分。

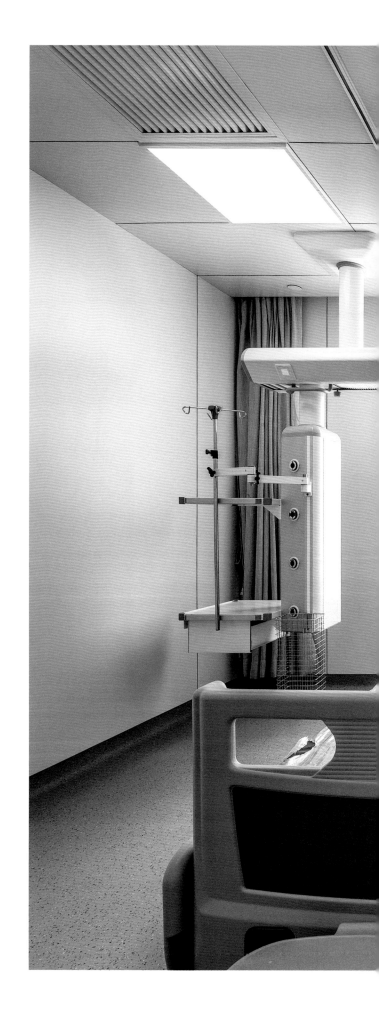

ICU 重症病房

在专业方面，设计提出了不产尘、不积尘、耐腐蚀、防潮、防雷、防火、易清洁。色彩上要温和淡雅，可为淡绿色、淡黄色。绿色与血液的红色互为补色，能减轻医护人员用眼疲劳，并对患者有平静心理作用。黄色有平衡情绪低落作用，避免与绿色墙面趋同。

电气设计、净化空调设计、医用气体、管线及终端设计等均按专业进行设计与装修施工。

设计提升了医院手术室的品质和档次。

● 地面：应平整，采用耐磨、防滑、耐腐蚀、易清洗、不起尘及不开裂的装饰材料。主要参数为能防静电、抗菌、防火、耐磨等。地面不宜设置地漏，否则应有防室内空气污染措施，如设置高水封地漏。

● 墙面：宜采用轻钢龙骨隔墙，以利各种管线及墙上固定设备的暗装。面层应采用硬度较高、整体性好、拼缝少、缝隙严密的装饰材料。可用1150型彩色钢板，结合送风口、回风口、观察窗嵌入观片灯、器材柜、消毒柜、开关接口等。将墙面组合成整体，尽量减少凹凸面和缝隙。墙面采用内倾3°设计，不仅可以减少积灰，而且可以使光线反射的角度有利于医护人员操作。墙面采用进口抗培特板，增加墙面面层硬度。无菌区墙面采用600mm×600mm淡绿色瓷砖一通到顶。踢脚板设计成凹进墙面10mm，并与地面成一体。阴角半径为40mm，圆弧角通道两侧及转角外墙上设置两道防撞板。

● 顶棚：需布置和安装高效过滤送风口、照明灯具、烟感器、消防喷淋设施等。各种管线均应隐藏在顶棚内，设计选用轻钢龙骨600mm×600mm乳白色彩钢净化板吊顶，接缝用密封胶压条处理，顶面无影灯为暗装，设计成二级顶面，二级顶面的两侧采用电动轨道，自动开合，尽可能减少污染。

● 门窗：设计采用防尘、密封、隔声效果优良的中空双层窗。选用不锈钢专用窗，门采用自动感应式电动彩色钢板推拉门，并装有感应器和延时器，避免在手术中人员进出频繁而出现"开着门做手术"的现象。

在设计中对手术室的规模和手术的难易程度进行优化，对人员集中的准备区和等候区进行优化，体现了当今医疗的现代化与管理的合理化，避免不必要的等候和拖延造成医护人员多重劳累。

特点、难点技术分析

手术室隔墙采用进口抗培特板。抗培特板的安装要求系数较高，必须安装在 15mm×30mm 镀锌方管上，方管必须焊接连接，焊接规格不大于 500mm×500mm，且墙面钢架焊接完成后的平整度应满足 3mm 厚的双饰面抗培特板粘结要求。抗培特板采用免打胶 +AB 胶结合的方式进行粘结，龙骨和钢架面与抗培特板连接面全部充满胶体。

PVC 地胶铺贴也是手术室的一个难点，因为手术室对地面的平整度要求特别高。采用 5mm 厚自流平工序进行二次找平，在将专用 PVC 地胶垫满刮地面后进行粘结，待 30% 干后进行地胶垫铺设，所有的 PVC 地胶垫接缝刷二次胶粘结。

金属钢板顶棚采用 0.8mm 厚镀锌钢板。为增加金属的强度，用金属瓦楞板复合衬垫，所有规格要求工厂成品出货，不允许现场裁切后安装。这样加工金属板前就要把每个空间的吊顶尺寸精确测量放样，碰到异形空间的吊顶留一边待安装后根据所留尺寸进行测量加工。手术室的施工难点在于管线多，上下分布的要求不可变动，而且出风口必须严格按照设计图纸施工，否则会影响手术室的风压及换气效果。图纸上标明的管线都是理论上的，实际中会有与结构相碰撞的情况发生，就必须采用 3D 激光扫描的工艺进行空间扫描，把扫描的结果导入电脑中与图纸中的管线位置进行对比，随后根据电脑中调整后的管线排列高度和位置进行现场放线施工。

手术室施工工艺

测量放线，把所有的空间分隔弹线进行导墙施工，隔墙吊顶以上部位用 40mm×60mm 方管制作，隔墙分别采用 75 型龙骨和 20mm×40mm 方管隔墙，上部与方管架连接，下部与导墙上预埋铁板固定，待多数管线在隔墙中预埋完成，测试合格后封板。

金属吊顶安装结构为龙骨形式，配件的组件构造都具备现场使用的可施工性及可拆卸性，悬吊组件系统的连接不需要现场焊接。

地胶垫铺设主要是不能有灰尘，铺贴中的接缝应密拼且干透后不能有翘边空鼓的情况，施工中尽可能排空地胶垫下的空气，未干前不能上人及堆放物品等。

核磁共振一体化手术室

主要材料构成：核磁共振机，铝制品吊顶材料、不锈钢、橡胶地板。

设计：核磁共振一体化手术室是当今医疗领域最为现代化的医疗设施，是将核磁共振检查与外科手术室结合在一起的一体化手术室，可减少患者在核磁共振室和外科手术室之间的转移和往返，避免患者在转运过程中的风险。

在设计核磁共振一体化手术室时，设计提出了硬性要求，即核磁共振一体化手术室的楼层高度必须达到 4.2~4.8m，不应低于 4.2m。这是因为核磁共振设备及轨道的自重较重，要考虑建筑结构与设备轨道的安全性。磁体及轨道的自重约 6600kg，且磁体运行对固定轨道的施工及安装精度要求均较高，故在前期设计中需要充分考虑结构的安全系数。

防震方面设计提出了更高的要求。核磁共振室的楼层上面及附近不能有剧烈震动设备，否则会影响核磁的成像效果。如果无法避免，设备的震动必须严格控制，同时在设计时核磁共振手术室应远离电梯，保证核磁共振手术室与电梯间的水平距离大于 10m。此外，由于磁体的体积和重量都非常庞大，因此在手术室施工前期就应考虑磁体进入手术室的垂直和水平通道，常规的客梯和货梯都不能作为垂直运输的工具。

在灯光设计中分别设计了交流洁净灯、直流灯、手术灯来满足各种情况下的照明要求。并且将磁体的移动交流灯与直流灯作联动设计，当磁体移动到手术室时所有交流灯关闭，所有直流灯同步打开，同时满足空间和磁体扫描的要求。

在核磁共振一体化手术室的材料方面，手术室隔墙及顶棚所用龙骨、饰面材料均采用免磁的非金属材料。手术室内应避免使用铁制品，承重龙骨采用铝合金龙骨，对手术室的墙面、顶面可以采用医用不锈钢。设计中对核磁共振一体化手术室的磁场强度进行了区分，手术室的地面需要按照磁场的强度用不同的颜色来区分。同时装饰与净化机电工程材料都必须采用非磁性的金属材料及非金属材料或加装波导滤波器来满足屏蔽的要求。

设计师在设计所有的净化风管、医疗气体管道、电气管线时进行了准确计算，保证波导和滤波器的数量、位置及规格尺寸都能与实际的管道相匹配，从而满足屏蔽和净化两方面的要求。由于磁体的滑行依靠吊顶上的轨道，而轨道所在的位置

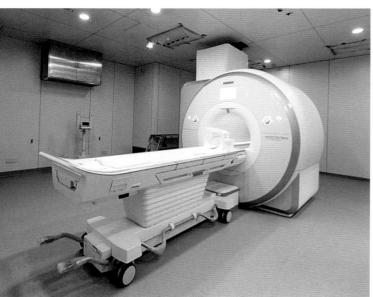
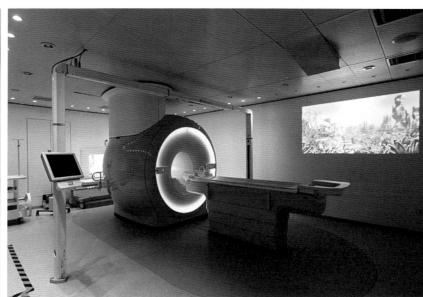

核磁共振一体化手术室

正好是洁净手术室的送风静压箱，因此静压箱的样式、尺寸需求根据轨道及屏蔽要求进行了特殊设计。

技术难点、创新点

核磁共振一体化手术室最大的特点是整个施工区域都必须使用非磁性的金属材料，所有的吊顶龙骨材料都必须用铝合金龙骨来代替，但市场上的铝合金龙骨远远不能满足荷载要求，只能根据图纸要求在电脑上设计好模型并进行定制加工。

核磁共振一体化手术室的难点，一是吊顶与磁体的匹配度，这关系到磁体正常运转和长期的来回移动的稳定性，另一个是硕大的磁体如何安放到位。一体化手术室吊顶工程是关键，这里的管道分布排列复杂。手术室对净化风管的要求特别高，所有的管道和静压箱不能与磁体轨道相碰，必须为磁体的来回运行让道，并满足不碰撞要求。

结合现场尺寸，先在电脑上建立模型，把现场尺寸输入模型参数中，计算出标准安装尺寸并在施工图纸上标明。现场根据图纸放样弹线，标出各种管线和管道位置。磁体机采用多段分层施工法。

核磁共振一体化手术室施工工艺

测量放线：根据图纸要求弹出控制线，根据设备的侧重依次弹出各设备的位置线，所有的设备位置线弹出后再进行设备尺寸复核。

安装时首先安装最关键的磁体移动轨道。轨道安装须安排好净空不使磁体与其他设备相碰。轨道采用铝合金加工制作，由专业厂商提供全套安装设备。在安装轨道时采用 4 台水平仪来检测磁体轨道的安装水平度，确保轨道的水平度偏离不大于 0.5mm。

吊顶施工采用主承载龙骨安装。吊杆采用热镀锌成品螺纹杆，吊杆间距控制在 1000mm 以内，吊杆长度不大于 1500mm 时，采用 60 系列主龙骨或 30mm×30mm 热镀锌角钢作反支撑加固处理。吊杆全部施工、安装完毕做胶面包裹处理，铝板安装根据预定加工尺寸编号依次安装，铝板的优点是易清洁、抗辐射、防潮。

橡胶地板施工。根据橡胶地板施工的技术要求，对抹平后的地面进行深度清理，对自流平进行复核，确保地面平整度偏差不大于 2mm，自流平施工后保持室内密闭。橡胶地板严格按照铺贴要求施工，阴角全部采用卷边法施工，拼缝用专用烫压机烫压处理，要求拼缝严密不漏缝、不粘灰。橡胶地板的优点是抗菌、防尘和

磁体移动轨道

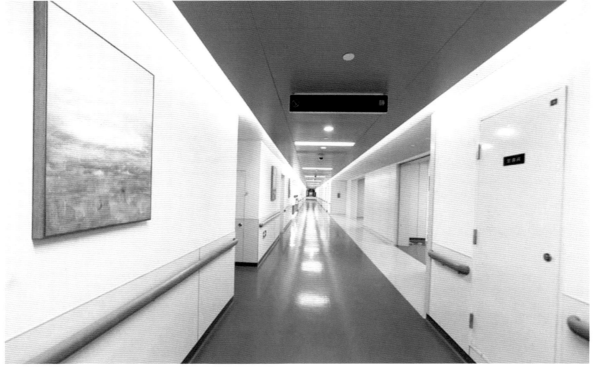

吊顶、橡胶地板

抗微生物，易清洁，耐日常污渍，耐大面积、高浓度消毒剂。

直线加速器

主要材料构成： 直线加速器、铝板、抗倍特板、橡胶地板。

设计： 直线加速器是目前世界上顶级的放射治疗设备之一，其先进的智能化架构可以高效而精确地

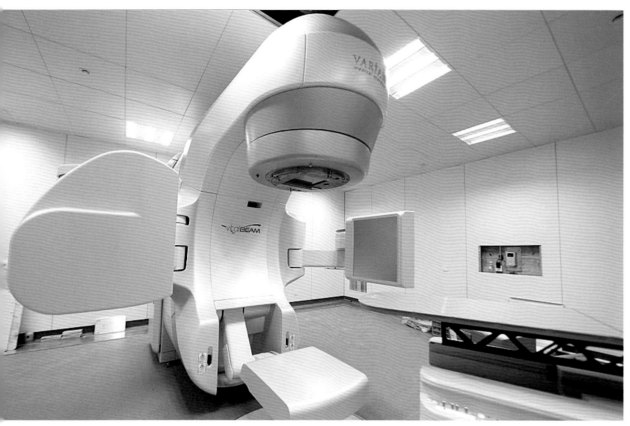

直线加速器室

治疗患者，从而节约资源，降低治疗费用。直线加速器具备全面的放射外科和放射治疗能力，具有可扩展式架构和先进的技术升级空间，可根据放射治疗需要配备相应的治疗技术。弘爱医院肿瘤治疗中心直线加速器的开机运行标志着肿瘤治疗三大重要程序（手术、放疗、化疗）的完善。设计为了更贴切地符合直线加速器房的装修，提出了以下要求：

采用可拆卸可活动的吊顶，以便于设备、激光灯、照明和通风空调等设备的维修，采用 T 形龙骨配搁式板材的施工方法。

墙面装修设计采用干挂板材施工方法，龙骨隔墙中间留 100~150mm，这样的装修方法可满足激光灯、照明、监控以及网络设备埋管穿线的要求，墙面采用抗倍特板。

地面板装修设计提出了要求：和多数电子计算机房一样，医用直线加速器的电子部件对局部静电非常敏感，在机房内接近设备的区域覆盖地毯或其他材料，相对湿度应控制在 20% 以内，静电不应超过 2kV 的额定值。

为防止轮床及小车碰撞，设计师在室内墙角的阴角位置设计了护角和护板加以保护。

设计师对吊顶的装修高度提出了要求，应不低于 2.85m，并采用实现声衰减和富有美感的现代吊顶网格与拼块，目的是缓解治疗给患者带来的心理压力。

医用直线加速器机房是患者治疗的核心环境，其使用功能及患者对环境的印象尤为重要，如何通过设计手段创造宜人舒适的治疗环境，需要设计师根据材料市场和施工工艺来进行设计整合。

技术特点分析

直线加速器室的施工特点是洁净，所有的管线和气管不能挤压，必须分开。吊顶内的原结构面必须做洁净处理才能布管施工。橡胶地板的阴角应做成圆弧形，抗倍特板的拼缝采用专用密拼胶填缝，填缝深度必须达到 4mm，橡胶地板的平整度必须控制在 1mm 以内。

DSA 导管室

主要材料构成：DSA 检查设备、防射线铝板、橡胶地板。

设计：DSA 是数字减影血管造影的简称，即通过数字化的影像处理，把不需要的组织影像删除掉，只保留血管影像。其特点是图像清晰，分辨率高，可为观察血管病变、血管狭窄的定位测量、诊断及介入治疗提供真实的立体图像，为各种介入治疗提供条件。

设计师在对 DSA 检查治疗室的设计中注重的是环境无尘设计和防医用 X 射线辐射的密闭性能，严格参照国家防止辐射管理条例来设计。DSA 的设备主要由两部分组成。第一部分为 X 射线发生器及附件，主要有 X 射线球管、变压器、操作台、影像增强器和电视摄像系统等。第二部分为图像处理系统，可分为前处理和后处理，主要有模拟 / 数字转换器、图像储存器、激光照相机和磁带录像机等。

特点、难点技术分析

DSA 机房最大的特点是对射线的防护要求特别高，这也是整个 DSA 机房施工的难点。

DSA 机房顶面的材料采用 4.0mm 铅当量的 1 号纯铅板，含铅量 99.996%，缝隙搭接处用 4.0mm 铅板阻止射线，对 X、Y 射线有良好屏蔽性能。

DSA 检查治疗室施工工艺

吊   顶   根据图纸的要求计算出吊顶的高度，用红外水平仪弹出四面墙体完成面线，沿边骨架采用 50mm×50mm 角钢固定于墙面，角钢间隔 300mm。铅孔采用 12mm 膨胀螺栓固定在墙上。中间骨架采用 10 号槽钢于沿边角钢焊接固定，10 号槽钢间距 600mm。结构顶面与槽钢采用 50mm×50mm 角钢作为吊筋连接，以防止钢骨架下垂。

铝板铺设安装方法   先将吊顶钢骨架的每个方格空间尺寸测量出，然后在地面将铅板和复合板进行裁切并编号，上面满刷 309 胶水，待晾至 50% 干后将铅板和复合板黏贴在一起。安装时根据编号用燕尾螺钉固定在钢骨架上。铝板结合处重叠 30mm 以防止漏射线，复合板表面加贴装饰面板。

墙   面   DSA 机房墙面采用高性能射线防护涂料，优点是无污染，使用方便，能有效吸收和屏蔽射线。墙面每平方米涂抹 85kg 批涂材料，厚度约 60mm 左右，相当于 4 个铅当量。先将水泥与防护涂料按 1：4 配比进行调配，然后均匀批涂在墙面，墙面需分多次涂抹，每次涂抹厚度为 7~8mm；抹成毛面，涂抹完成第一遍后待墙面半干后再涂抹第二遍，直至达到所需厚度。最后一遍需压光处理以做装修之用，门窗洞口同样施工。

推 拉 门   推拉防护门的制作采用上导轨推拉门。门体内部结构采用优质异形钢骨架、特种密度板、防辐射铅板和复合板胶合，用钢带固定。外饰门面层为不锈钢，移门承重滑轮经车床精密加工而成，内装双排高速轴承，上导轨设有不锈钢装饰罩，安全牢固。电动推拉防护门开启轻便灵活，保证正常使用 30 年不下垂，门体不变形。推拉防护门安装中，门体内侧面与墙体之间尺寸不大于 10mm，确保门隙间不漏射线。载重导轨采用悬挂设计，铺设要求水平不大于 0.5mm 偏差，轨道两端垂直水平误差不大于 2mm，门体与轨道在同一直线上，以保证推拉门安装调试完毕后，推拉轻便灵活，用力均匀而轻便。

平开防护门 平开防护门采用优质医用 304 材质、发纹不锈钢板做外装饰，厚度 1.2mm 以上，平开防护门门体内部结构采用优质异形钢骨架制作。矩形管材是防护门主要结构，采用特种密度板。防辐射铝板采用双板胶合用钢带固定，关键附件门铰链采用压力轴承式铰链，铰链外套和内轴是经车床精密加工而成，开启轻便灵活。外饰面门面层为 304 材质 1.2mm 以上厚不锈钢，安全牢固，美观大方。平开防护门的门框用 ϕ 12 膨胀螺钉固定在墙体上，然后用防护材料内外面涂抹 10mm 厚。固定密封防护门门框与墙体间隙，防止漏射线。

铅 玻 璃 DSA 机房采用 ZP3 型铅玻璃。铅玻璃透光率大于 85%，其特点是无毒、无杂质、无气泡，透明度高，防护辐射能力强。影像机房配置铅玻璃，施工中先做铅窗框与窥视窗口安装，窗框与墙体之间用防护材料封堵，厚度不大于 20mm，然后装铅玻璃及不锈钢板包边处理。所有缝隙用防护材料进行批涂，防止漏射线。

弘爱养护院

主要材料构成：橡胶地板、铝板吊顶、木地板、涂料、墙地砖。

设计：厦门弘爱养护院位于弘爱医院院区康复楼内，专收失能失智老人，设置床位 100 张，充分利用弘爱医院的医疗资源，根据人文照护理念，探索医养综合模式。弘爱养护院按三级康复专科标

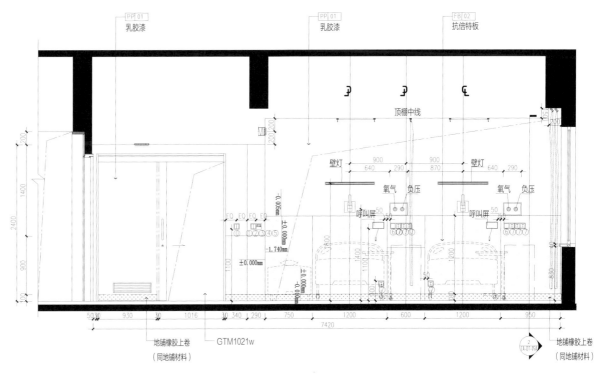

康复室立面图

准和国际 CARF 理念建设，一期工程面积 3 万 m^2，其中康复治疗中心面积约 4800m^2，首期开放床位 100 张。养护院设置涵盖三级康复专科医院的各学科，重点发展神经康复、肌肉骨骼康复、肿瘤康复等亚专科，与厦门弘爱医院共享影像、病理、检验、消毒供应等科室。

养护院的设计，就诊和住院通道方便性是首要问题。养护院在医院的右侧，在功能设计时就预留了足够的空间，使得养护院患者能方便快捷地去往医院科室就诊复查。养护院的功能设计全部采用无障碍设施设计，并加宽无障碍设施的宽度，如流量较大的走廊设计增加宽度到 3m 以上，确保 0.9m 宽的残疾人车有三股车道的宽度。走廊和候诊厅设计宽敞明亮，标识鲜明，候诊厅设有护士站、问询处、卫生间等辅助设施，距地 350mm 处增设护墙板。

垂直运输方面选用大型电梯轿箱。电梯厅和电梯内的按键高度考虑到使用人群，设置成两种高度，而且按键上有盲文，每到一层都有清晰的语音提示。在电梯内正对电梯门的位置安装镜面不锈钢板，使轮椅患者出电梯时都能清楚观察到自己和周围人所在位置。电梯门的宽度、关门速度都要满足残疾人的要求。

装修设计要点

材料选择	室内避免采用反光性强的材料；地面材料选择防滑性好的材料，如木质地板和塑胶地板；而对于盲人患者的房间，地面选用不同质感的材料铺设，以使其可通过脚感和声音来判断所处的位置。
室内色彩选择	老年患者中白内障患者较多。地面采用与墙面反差较大且比较稳重的色彩，使交界处色差明显。
照明选择	老年人对于照度的要求比年轻人高约 2~3 倍，采用高效能的暖色灯具。
门采用推拉式设计	装修时下部轨道嵌入地面以避免高差；平开门设计时在把手一侧墙面留出约 40~50cm 的空间，以方便坐轮椅的患者侧身开启门扇。

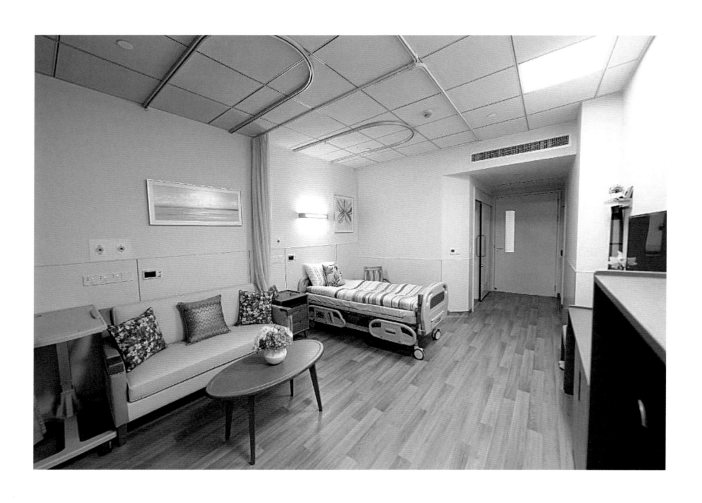

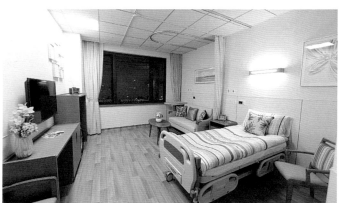

弘爱养护院

上海古北壹号别墅装修工程

项目地点

古北壹号位于虹桥商圈和古北国际社区范围内，南面与虹桥高尔夫球场无缝连接，东临天然河道上澳塘港，北边为红松东路，与元一希尔顿酒店和旺旺集团大厦隔街相望，西至虹许路。毗邻虹桥交通枢纽，出行便利。

工程规模

22 幢，总建筑面积 1800m^2

建设单位

福来国际（上海）有限公司

物业单位

第一太平戴维斯物业管理有限公司

设计单位

上海全筑建筑设计集团有限公司

施工单位

上海全筑建筑装饰集团股份有限公司

开竣工日期

2014 年 12 月 3 日 ~ 2016 年 8 月 1 日

古北壹号外景

古北壹号外立面

古北壹号一角

设计特点

本案坐落于上海古北黄金地段，总建筑面积 1800m²，园林面积 300m²；建筑地上面积 1200m²，地下室面积 600m²，地下室配置了室内恒温泳池、SPA 休闲区、儿童娱乐区、视听室、酒窖、棋牌室、景观下沉花园。首层为客厅、正餐厅、早餐厅、厨房；二层至三层为卧室就寝区；四层设计了男主人的私人会所功能，有红酒雪茄吧、会客会议区、书房等。

本案采用后现代装饰主义设计风格，有别于传统古典主义的华丽，以内敛的装饰手法彰显典雅的特性。

根据客户的使用功能要求与现场客观情况，对原始平面进行大幅面的改造优化处理（打通三间房间做成超大更衣室），使其在最大程度满足使用功能的基础上，保持空间的畅通性、完整性、通透性，使空间与空间之间的比例与流线都达到和谐统一。

装饰材料上，各种米色与灰色大理石，定制艺术线条，定制实木拼花地板，体现了精致又不失对比的细节处理，搭配素雅的壁纸与窗帘，与色彩丰富、轻奢风格的软体装饰相得益彰，充满时尚感。

功能空间

地下室区域

地下室防潮综合处理措施。在长期的施工实践中，发现地下室防潮是极端重要而且难以处理的。工程在处理地下室防潮方面采取多管齐下的办法，取得了较好的成果。

本工程地下室面积较大，影视厅、游泳池等房间都布置在地下室。上海的黄梅天加上地下有一个大的游泳池，空气湿度达到 90% 以上。针对该房子的特点，采用了机械处理和装饰防潮处理相结合的方法。

机械空气的处理

地下室配置中央除湿系统：根据该别墅地下室的面积，配置两台美国霍尼韦尔除湿主机，最大单机除湿量 45L/24h。

装饰处理

地下室防潮隔墙运用：地下室返潮很大程度上是因为室内外温差导致水汽凝结。过去常采取在地下室四周加砌砖墙来防潮，但是效果往往不够理想。在古北壹号地下室防潮工程中，我们吸取过去的施工经验，在地下室墙体与泥土层接触的地方，采用轻钢龙骨隔墙，隔墙内部衬保温棉，防水石膏板作为面层。这种做法显著地降低了内外温差，避免了水汽凝结，加上平时地暖和除湿系统正常使用，可有效解决地下室潮湿问题，防潮效果较好。

地下室泳池区域

物料配置

泳池系统中采用英国 Inteli 恒温恒湿机，除湿量为 20kg/h，制热量为 38kW，制冷量为 33kW，对房间温湿度进行控制，温度恒定在 20 ~ 30℃，湿度恒定在 65% ~ 70%。泳池采用混合流式循环过滤方式，全部循环水量由设在池壁的溢水沟回流至系统，经过净化（加药、过滤、加热和消毒）后由设置于池壁的给水口送回池内继续使用。池水净化过滤系统采用中速石英砂过滤砂缸，过滤砂缸采用手动反冲洗，反冲洗时间 5 ~ 10min。泳池消毒系统采用铜银离子结合紫外线消毒；泳池水加热恒温采用板式换热器，热水端采用 AOSMI THBTR338 供热，配自动温控调节阀，使水温控制在设定的 26 ~ 28℃。

室内游泳池

室内泳池的施工难点

泳池内部防水处理不到位（如厚度不足，漏刷，阴角，给、排水口等部位处理不当等）；泳池底部下方未做防水层，或未设置地漏。

节点部位处理

泳池底部四周阴角部位处理：用堵漏王将池底四周阴角部位涂刷成直径不小于 50mm 的圆弧；管根部位先刷一遍涂料，铺贴 300mm 宽聚酯纤维无纺布或耐碱玻纤布作为附加层，搭接宽度不小于 100mm，附加层上部再涂刷一层涂料。

管根部位处理：浇混凝土前应将洞口清洗干净并毛化处理；混凝土应分两次浇筑，待混凝土凝固后进行蓄水试验，无渗漏后用细石混凝土浇筑至楼面结构平齐；管根与基层交接部位预留10mm×10mm的环形凹槽，内嵌密封膏；管根部位用堵漏王制作管台；防水涂料沿管台涂刷至管壁。

地漏部位处理：地漏与基层交接部位预留10mm×10mm的环形凹槽，内嵌密封材料，再用堵漏王进行封堵；原地漏上口必须与原结构楼板平齐，不能高于结构楼板层表面，地面坡向地漏。

防水层处理

待泳池底部及池壁完全干燥后，涂刷三遍聚氨酯防水涂料，厚度为1.5mm。聚氨酯防水涂料施工完成后，对其进行全面检查，确保防水无漏涂、无破损。

休息室

注意：为增加聚氨酯表面的粘结力，可在最后一遍聚氨酯未干透前撒石英砂处理，或在最后一遍聚氨酯防水涂料干透后用界面剂掺水泥做界面拉毛处理。

对检查合格的聚氨酯防水层用水泥砂浆进行找平保护，找平层厚度为 20mm；待防水保护层凝固后，在其上面涂刷三遍水泥基渗透结晶防水涂料进行第二层防水保护，厚度为 1.5mm；对涂刷完成的水泥基渗透结晶进行质量检查，检查合格后再涂刷三遍聚氨酯防水涂料进行第三层防水保护，厚度为 1.5mm；待聚氨酯防水涂料干燥后，对其进行全面检查。

在聚氨酯防水涂料检查合格后，对池内进行 24h 蓄水试验。

待水池放满水后，确保 24h 内水池与给排水管口无渗漏现象为合格，验收不合格的，需放水后对防水层进行修补，修补完成后，再次进行 24h 闭水试验，直到防水验收合格。验收合格的防水层，用水泥砂浆对防水层进行保护，保护完成后方可进行下道施工工序。

地下室影视厅

物料配置

影院投影幕采用奥斯卡颁奖礼唯一指定品牌 STEWART 135 寸 16:9 豪华固定屏幕，支持 4K/3D 完美显示，材料均匀细腻，是全球唯一 THX、JKP、ISF 三重认证材料，独家专利的外框技术提升画面对比度。主音箱、中置音箱、顶棚音响均采用 B&W、ROTEL 功放，JVC DLAXC7880RB 超高清 4K/3D 电影投影机。音响全部采用暗藏式，墙面采用大量的皮革软包，起到吸声的效果，使音响效果更佳。

墙面软包施工工艺

主要材料要求　真皮软包墙面所用的材料，主要有真皮、泡沫塑料木条、五合板、电化铝帽头钉、油毡等。

基 层 处 理　为防止墙体潮气造成翘曲及引起真皮发霉，基层应作抹灰防潮处理。抹灰通常采用 20mm 厚 1 : 3 水泥砂浆，再刷黑豹牌（HB）水泥基防火涂膜 0.5 ～ 0.8mm 厚。

织物软包墙面的基本构造：防潮层、骨架、装饰面层。通常墙筋是采用断面为 20 ～ 50mm×40 ～ 50mm 的木条钉于预埋在砖墙或混凝土墙中的木砖或木楔之上。砖墙或混凝土埋入木砖（或木楔）的间距尺寸，同墙筋的间距一致，一般为 400 ～ 600mm，按设计中的分格需要来划分，通常的划分尺寸为 450mm×450mm 见方。在墙筋固定好后，将五合板钉于木墙筋之上，然后把织物包矿棉（或泡沫塑料）覆于五合板之上，并采用暗钉口将其钉在墙筋上，最后再用电化铝帽头钉按划分的分格尺寸在每一分块的四角钉入即可。

面 层 和 安 装　织物墙面的面层安装方法主要有两种，即成卷铺装和分块固定。

成卷铺装法要注意两点，即织物卷材的宽度应大于横向墙筋中距 50 ～ 80mm，五合板的接缝应置于墙筋上。

分块固定具体地说，是将织物和五合板按设计要求的分格尺寸预裁好，然后再一起固定在墙筋上。安装时以五合板压在织物面层上，压边 20 ～ 30mm，用钉子钉在墙筋之上，然后再将织物包在五合板上，内衬矿棉（或泡沫塑料）。

地下室影视厅

一楼正厅区域

物料配置

地面装饰选用整块黑海玉作为进门厅地面材料。玉石先切割成 800mm×800mm 的成板，对玉石进行六面防腐处理，预拼编号。施工现场先进行地面放样，采用专用胶粘剂铺贴。

开槽、补缝技术处理

考虑到石材的易污染性，在开槽前拟选用吸尘设备及时处理开缝粉尘；鉴于石材松软的特性，尝试根据开槽尺寸与整体规划，采用合适的刀片；拟采用水晶胶与大理石胶调配，试制补缝材料，达到补缝饱满；石材在安装前进行养护工作，预防水分侵入石板，避免含铁矿物与水分、氧气氧化反应而造成锈黄。石材在安装前，宜先使用养护剂，特别是安装于高污染的环境，如厨房、餐桌等，养护工作非常重要。品质好的养护剂具有拔水拔油的特性，因此可以防止大部分的污染源渗入石材内部。石材在安装时要非常细心，避免施工机具因为漏油而造成石材的污染。石材受到污染应立刻清洗，因为污染时间越久，污染范围越大，越难清除。

一楼进厅

石材铺贴完成后，先让石材下面的水汽挥发掉。用手提切割机对石材拼缝处进行开缝切割，使缝隙的宽度一致；采用石材专用云石胶对拼缝处进行嵌缝，并使其尽量接近石材的颜色，不同的石材用不同颜色的云石胶进行嵌缝。

面层结晶处理

地面初磨	对剪口特别高的地方，先用打磨机处理稍平（必须哪边高磨哪边，尽可能磨宽点，避免后续用大机器打磨时因剪口过高而掉磨片）。
清洁石面	用专业机械配石材毛孔清洗刷（钢丝刷）将石材破损或断裂处的污物清洗干净，确保后续工艺中修补胶跟石材充分粘结。如果不用钢丝刷清洗，石材破损处的污物无法清洗干净，自然影响修补胶跟石材的黏结度，会导致表皮脱落，进而会降低修补质量。
初磨处理（30~60号）	用12头专业石材整平机械进行平整打磨削除由于石材变形与铺装、加工等因素形成的剪口、高低不平和划痕等，并通过初磨将孔洞污染清除，为后面的孔洞修补、细磨等工序创造条件。
粗磨处理（36~50号）	将初磨的磨痕、孔洞修补处理过程中多余的修补胶去除，进一步调整研磨面的平整度，并为抛光工序作准备。标准：没有50号的划痕，没有残留修补胶。
边角研磨处理（简称修边）	对大型机器不能完成的边角部位或初磨和中磨留下的边线划痕，使用边角专用设备（用干磨片配角磨机）进行边角研磨、抛光衔接处理。标准：边角没有剪口，边线没有毛边和划痕。
精磨处理	在初磨、中磨地面石材平整度已基本达标的基础上，对石材的光泽度进行研磨加工，为下道抛光工序作准备。
抛光结晶处理	把晶面处理剂喷在地面上，用附在晶面处理机上的钢棉垫将其涂开涂匀，反复涂擦，直到石材光亮透明。钢棉垫每隔一段时间除一次尘。 把加光剂喷在地面上，用附在晶面处理机上的红色百洁垫将之涂开涂匀，直到地面光亮（光泽度达80%以上，使用光泽度计测试）。 把晶面处理剂再次喷在地面上，用白色抛光垫涂开、涂匀，光亮度进一步提高，直到地面光泽度达到90%。

衣帽间

衣帽间区域

三层衣帽间占地约 90m^2，此区域采用全尺寸定制的模式，为男女业主量身定做各式功能的衣柜。

定制衣帽间可根据顾客需求配置内在功能件，灵活调整衣帽间的结构，如抽屉、隔板、裤架等，以便随心所欲地增加和摆放，拿取方便，一目了然；同时最大化利用墙边转角，充分节省空间，节约居室面积，整齐划一，使空间看上去更加整洁有序。

在家装之前，设计师就将衣帽间作为一个特定的空间来考虑，再根据整体的灯光、色调和材质等搭配设计，为业主提供优质体验。

衣帽间左边为男主人的使用区域。针对男主人长款西装、衬衫数量多，设计师加大了上柜的数量，同时根据业主的身高特点，合理分配挂衣钩的高度。

右边区域为女主人的使用空间，面积上占整个空间的三分之二。设计师为女主人贴心地设置了大量的展示包柜以及鞋柜。同时与软装设计师配合，为业主提供优雅舒适的换鞋凳。设计师在每一大组柜子外侧设计了全身展示镜并在内侧采用 LED 灯带，提高用户体验。同时根据项目的特点，专门为衣帽间配置新风、空调、地暖系统，为业主穿着展示提供良好的氛围。

图书在版编目（CIP）数据

中华人民共和国成立70周年建筑装饰行业献礼.上海全筑装饰精品 / 中国建筑装饰协会组织编写；上海全筑建筑装饰集团股份有限公司编著. —北京：中国建筑工业出版社，2019.10
ISBN 978-7-112-24305-1

Ⅰ.①中⋯　Ⅱ.①中⋯ ②上⋯　Ⅲ.①建筑装饰 – 建筑设计 – 上海 – 图集 Ⅳ.① TU238-64

中国版本图书馆 CIP 数据核字（2019）第 213422 号

责任编辑：王延兵　费海玲　张幼平
书籍设计：付金红　李永晶
责任校对：张惠雯

中华人民共和国成立70周年建筑装饰行业献礼
上海全筑装饰精品
中国建筑装饰协会　组织编写
上海全筑建筑装饰集团股份有限公司　编著
＊
中国建筑工业出版社出版、发行（北京海淀三里河路9号）
各地新华书店、建筑书店经销
北京方舟正佳图文设计有限公司制版
北京雅昌艺术印刷有限公司印刷
＊
开本：965×1270毫米　1 / 16　印张：$12\frac{1}{2}$ 字数：255千字
2020年8月第一版　2020年8月第一次印刷
定价：200.00元
ISBN 978-7-112-24305-1
（34138）

Trendzône